高等教育艺术设计专业"十四五"校企合作融媒体系列教材

数字绘画技法
实战教程

主　编　唐　海　赖亮鑫　蒲鹏举

副主编　包　明　郑黎明　张嘉朗　刘瑞洋
　　　　姚娜娜　郭丽丽　黄定攀　程奥林

U0279145

华中科技大学出版社
http://press.hust.edu.cn
中国·武汉

内 容 简 介

本书涵盖了从精细的画面构图、丰富的色彩理论、细致的光影处理到别具一格的角色设计、多样化的场景创作等众多不同方面的内容，旨在帮助读者更加深刻地理解并有效地应用所学习到的各项知识。除此之外，本书还特别地关注了创新性思维的培育。在数字绘画的学习旅程中，创新的想象力和独特的创意显得格外必要且不可缺少。

图书在版编目（CIP）数据

数字绘画技法实战教程 / 唐海，赖亮鑫，蒲鹏举主编． -- 武汉 ：华中科技大学出版社，2025．1．
ISBN 978-7-5772-0484-0

Ⅰ．TP391.413

中国国家版本馆 CIP 数据核字第 202438PU36 号

数字绘画技法实战教程
Shuzi Huihua Jifa Shizhan Jiaocheng

唐海　赖亮鑫　蒲鹏举　主编

策划编辑：江　畅
责任编辑：刘　静
封面设计：孢　子
责任监印：朱　玢
出版发行：华中科技大学出版社（中国·武汉）　　　电话：（027）81321913
　　　　　武汉市东湖新技术开发区华工科技园　　　邮编：430223
录　　排：武汉创易图文工作室
印　　刷：武汉市洪林印务有限公司
开　　本：889 mm×1194 mm　1/16
印　　张：9.5
字　　数：275 千字
版　　次：2025 年 1 月第 1 版第 1 次印刷
定　　价：59.00 元

前言
Preface

　　本书是专门为渴望掌握现代化的数字绘画艺术技术的爱好者和专业人士精心设计的一本书。在这个数字技术飞速进步的时代，数字绘画不仅转变成艺术表达的一种创新形式，也逐步演变成为商业设计、动画制作、游戏开发等众多行业的关键要素。本书的主要目标是通过一套系统化且详尽的教学材料以及众多精心编选的实际操作案例，来协助各位读者从最基础的水平逐渐进阶到高级层面，全面掌握数字绘画方面的技巧与方法。

　　本书由北海艺术设计学院唐海、广东女子职业技术学院赖亮鑫、陕西服装工程学院蒲鹏举等国内一线教师共同编写。除此之外，特别感谢兰州资源环境职业技术大学包明老师提供的 7 万余字的编写素材，特别感谢广州冠岳网络科技有限公司提供的案例支持。本书的编写参考了一些网络素材，由于信息不足无法及时联系原作者，如看见请及时联系我们。

扫码查看相关学习资料

目录
Contents

第一章

认识数字绘画

掌握数字绘画的历史发展、主流软件工具、硬件需求、图像格式以及与传统绘画的关系,了解数字绘画在不同领域的应用及未来发展趋势。

理解不同时期技术的创新对艺术风格的影响,分析各种软件和硬件的技术优劣,以及数字绘画与传统绘画在艺术表达上的差异和互补性。

能够熟练使用数字绘画工具,选择合适的图像格式,评估硬件配置的影响,并能够从艺术和技术角度深入分析数字绘画与传统绘画的关系,对数字绘画的未来发展有自己的见解和预测。

第一节　数字绘画的发展

计算机硬件的革新和计算机图形图像学的进步是数字绘画发展的必要条件。

回顾历史,1946 年 2 月 14 日,世界上第一台通用电子数字计算机 ENIAC(见图 1-1-1)于美国宾夕法尼亚大学的实验室中问世。ENIAC 总长约 30 m、高约 2.4 m、宽约 6 m,占地约 170 m²,重达 27 t,包含约 18 000 个电子管、70 000 个电阻、10 000 个电容和 1500 个继电器,有 500 万个焊接点,功耗为 150 kW,计算速度是每秒 5000 次加法或 400 次乘法。尽管相较今日的高级便携式设备而言,ENIAC 显得微不足道,然而作为科技史上的重要节点,ENIAC 的出现象征着科技创新的新纪元的开启并引领出世界社会的重大变革。自此以后,人类科学技术发展与计算机结合在一起并步入新纪元。

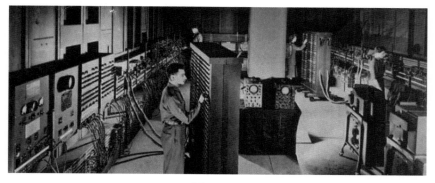

图 1-1-1

20 世纪 50 年代,美国麻省理工学院制造出了第一台配有图形显示器的电子计算机——旋风 I 号。在同一时期,著名的科学家和画师 Ben Laosky 通过将独特的创意与科技相结合创造出了一幅名为“电磁学概述”的作品,这幅作品被视为早期运用数字媒体来实现绘画表现的第一步探索成果之一。

“虚拟现实之父”与“计算机图形学之父”称号属于伊凡·苏泽兰(见图 1-1-2)。他在 1963 年的博士毕业论文中提出了名为"Sketchpad"的软件,这款软件被认为是首款真正的计算机绘画工具。他的研究不仅奠定了计算机图形的科学根基,还为艺术家们利用计算机创造艺术作品提供了一个平台及理论支持。

20世纪70年代,IBM推出的重要产品是计算机System/370。它使用大规模集成电路替代磁芯存储器,将小规模集成电路用作逻辑元件,并引入了虚拟存储器技术,实现了硬件和软件的分离,从而彰显了软件的重要性。

计算机问世以来,发展速度之快令人惊叹不已,尤其是对于核心硬件设备的变化升级而言:由早期的用作计算器的机械式继电器到如今广泛采用的高性能、高密度集成的半导体芯片——每一轮的技术革新都在不断缩小机器尺寸并降低能耗的同时,提升了它的处理能力,扩展了它的应用范围。

1977年4月,Apple Ⅱ(见图1-1-3)成为计算机历史上第一台带有彩色图像的个人计算机。

图 1-1-2

图 1-1-3

Adobe公司成立于1982年,被誉为全球领先的数字媒体提供商,也是美国最大的个人计算机软件公司之一,总部设在美国加利福尼亚州的圣何塞。

Wacom公司成立于1983年,率先研发并推广了数位板和无线压感笔,成功地解决了数字绘画中人机交互的问题。

1984年,美国苹果公司推出了麦金塔系列计算机中的第一款产品——Apple Macintosh,简称Mac。这款计算机是第一款将图形用户界面普及个人计算机领域的产品。

1987年在美国密西根大学攻读博士学位的Thomas Knoll创建了一款程序,这款程序最初的目标是将一组图片由彩色模式调整为黑白模式。他的哥哥John Knoll彼时正在从事工业光魔的工作,对这个项目给予了大力支持和协助,最终使这款程序发展成为一款功能更为全面的图像处理工具。他们决定为其命名"Photoshop"。在不久之后,Photoshop由Adobe公司全盘接手。该产品首次亮相是在1990年2月,版本号为1.0。作为Adobe公司的旗舰产品之一,Photoshop自始至终都是图形设计领域的领军者。

随着数字技术的持续进步和图形图像学的飞速创新,数字艺术领域的整体进展得到了极大的推进。在这个大背景下,数字绘画得以逐步壮大。借助如Photoshop、Painter、SAI等绘图工具的开发,数字绘画已拥有软硬设备的支持,这也为数字绘画的进一步发展创造了一个优越的环境,由此大量数字艺术作品应运而生。

科技与美的融合、数码与审美的交融使得现代艺术领域愈发多姿多彩。对即将开始学习数字绘图的人而言,应避免抵触所有创作媒介。数字化仅仅是我们在制作艺术品时所采用的一项技巧,唯有精通各种创作方式并理解其原理,方能更有效地塑造出我们所预期的艺术形象并传达我们的审美理念。同时,使用新型工具也将为我们的视觉体验和展示舞台提供全新的视角和空间。每个个体都有潜在的创新能力,而计算机及其相关设备则帮助我们实现了创新。无论是作曲、录制视频还是拍摄音乐短片,灵感的火花都能被转化成实际存在的东西。对于画

家和插画师来说,对工具的探索是永无止境的。仅靠点击便可转换工具和颜色,灵感的产生不会因此有丝毫减弱。每一种工具,从最精细的画笔到粗糙的粉笔,转换只需片刻而已。在科技方面,像具有敏锐压感的数位板,将其握在手中与计算机进行"互动"时在感官上已经达到了与钢笔相媲美的程度。从某一方面来说,计算机与我们的生活息息相关。虽然大部分家庭都有计算机,但它们通常只满足现代科技社会发展的基础需求,如收发邮件、工作和玩游戏等。然而,计算机也可以让用户自由操控并激发创新思维。

艺术作品的创作往往需要购买工具和合适的材料,但你如果是数字艺术家,就可以不必购买水彩颜料和画笔,也不需要拉紧画布或选择画架。这就是数字绘画的魅力。

第二节　数字绘画软件的迅猛发展

作为一种衍生的绘图技巧,插画利用各类图像元素来实现可见的信息传达,不仅是主观创造力的一种体现,而且是以商机或者公共利益为主导的目标导向行为。无论哪一类传统的创作者,都必须使用相应的设备如铅笔等才能完成任务。例如,创作水彩画,水彩刷子、色彩粉末和高级纸品等都是必不可少的物品。随着科技的发展,数字化时代已经来临并颠覆了旧有的模式——现在我们可以在计算机屏幕上创建这些画面而不受物质载体的限制。这种新型的技术也大大拓展了我们的创意空间,使我们可以更加自由地发挥想象力和创新精神,设计出更多更具吸引力的图片内容。与此同时,怎样运用这个新颖的方法有效提高我们在创作插画时的效率成为当前亟待解决的问题之一。

伴随着计算机绘图与影像科技的快速发展,加之软件公司间的激烈竞争,逐步出现了现今普遍可见的几种主要绘图及影像处理工具。同时,也有辅助大型软件的各种插件出现。每一种这样的软件均具备独特的优点。随着绘图技术的发展,绘图技术的深度改革也在不断发生。所以,对更多软件有深入理解并且找出其独特之处,可以在创作过程中效能提升、工作流程改善和画面的视觉效果增强等方面为我们提供帮助。

在本书中,我们将重点放在使用 Photoshop 这一图像制作程序上,详细阐述了如何运用此款软件完成数字画作的设计以及 Photoshop 使用技巧,对于如 Painter、SAI、openCanvas 等其他绘画软件并未深入探讨,原因在于 Photoshop 不仅具备绘画能力,而且拥有出色的混合及后置加工特性,特别适用于影视行业。此外,我们也希望借助对 Photoshop 的使用举例说明各类图像软件的一般特征,并强调软件仅为创作过程中的一个工具,不能限制我们的创造力,作品质量的高低并非取决于所使用的软件,而是依赖于个人的努力。

为了更全面地了解数字绘画的方式方法,在此也一并对三维软件进行一些简单的介绍。

一、Photoshop

对许多参与数字化创作的艺术家及爱好人士而言,"Adobe"一词并非生疏之物,它涵盖了如 Photoshop、Illustrator、Flash、Dreamweaver、Premiere Pro 和 After Effects 这类知名工具组成的一套应用程序集群。

Photoshop(见图 1-2-1)作为一款广受好评且被大量使用的图片处理工具,许多人都只对它的基本功能有所认识,而忽略了它更深层次的使用方法及潜力。事实上,Photoshop 的功能远不止如此。除了用于照片修饰之外,Photoshop 还可以供创作数字化艺术作品的设计者如漫画家或动画创作者使用。此外,Photoshop 也常常出现在影视后期,用以完成各种复杂的三维模型渲染工作等。同时值得一提的是,尽管现在大部分影片特技都采用计算机生成的方式呈现出来,但其中的一些技术仍然沿用了 Photoshop 的基本思路去操作。另外,Photoshop 能很好地融入 Adobe 公司的其他产品(如 After Effects 或者 Premiere Pro)当中,使得我们在从事高级的视频剪辑或音频混音等工作时会更加得心应手,并且可以利用 InDesign 这个强大的文档管理器来自动化出版流程,从而提高效率并节约时间成本。总之,无论是从事平面设计的专家、喜欢拍摄短视频的人士,还是热衷创意影像工作的爱好者,都可以从这款神奇的产品身上找到满足自己需求的方法。

二、Painter

Painter(见图 1-2-2)是一款来自 Corel 公司的优秀产品,功能强大到可以被称为"画家"。它的主要特点在于能够提供高度真实的模仿自然的手法,专为希望能在数字化环境下实现传统绘画技巧的追寻者而设计。Painter 能模拟实际绘画过程中使用的各种工具和纸张效果等,这大大提升了创作者的灵活性和创造力。因此,使用"Painter"作为该图形处理软件的名称再合适不过了。

图 1-2-1

图 1-2-2

三、AIGC 艺术创作

AIGC(人工智能生成内容)是利用人工智能技术生成内容的一种方法,在图像生成方面得到广泛运用。图像生成是指通过计算机算法和模型生成新的图像,这些图像可能是完全虚构的、艺术创作的或者是根据现有图像进行修改和增强的。图 1-2-3 所示的人像是由图像生成技术生成的,世界上不存在这 4 个人。

图 1-2-3

生成图像的人工智能技术主要包括规则型技术、生成对抗网络(GAN)、变分自编码器(VAE)、扩散模型(diffusion model)等。

AIGC 在图像创造领域有能力模仿和学习真实世界的图像属性,并产生逼真且富有创新的图像内容。

(1)AIGC 能够自动调整图像并优化图像质量,包括修复受损图像、消除噪声、调整亮度对比度、改变颜色等,从而使图像变得更清晰、更美观。

(2)AIGC 能够通过学习艺术作品的特性和风格,创造出新颖的艺术作品。它有能力将一幅图像转化为具有各种艺术风格的图像,如把一张照片变成油画或印象派图像。

(3)AIGC 可以生成虚构的图像,包括人物、风景、物体等,可用于创造逼真的人脸图像、虚拟场景和角色,为游戏、电影和虚拟现实领域提供内容生成的解决方案。

(4)AIGC 可以对图像特定属性进行修改或进行内容转换,从而实现图像编辑的作用,如将夏季风景转换成冬季风景,或对人物照片的发型和服装进行改动。

(5)AIGC 不仅可以用于图像修复和强化,并且能创作出独特的艺术品、生成逼真的虚拟图像,还具备对图像进行编辑和转换的功能,为众多领域提供了丰富多样的内容制造技术。

第三节　数字绘画的硬件需求

一、常用计算机

台式计算机是包括主机、显示器、键盘、鼠标等设备的一种计算机类型,是目前流行的小型计算机。相较于笔记本电脑,台式计算机性能更强、扩展性更好、插槽更多,方便用户未来升级。生产商还推出了集成主要部件的一体机。在一体机方面,美国苹果公司是较为成熟的生产商之一。一体机不需要机箱,结构更简洁,而且无线技术的支持使得连接线更少,使得操作变得更加便捷。

然而,真正的主导者和主力部队是存在于 PC 影像与绘制领域的另一个重要类别,即专门用于高级视觉效果创作(如电影特效)或复杂数字模型构建的专业级台式计算机,也就是我们称为"图形工作站"的系列产品。它们的计算力和多线程执行效率非常优秀且突出。这些产品主要针对那些需要强大数值分析及高质量图片/视频渲染能力的行业应用场景进行了定制化优化,如科研机构的研究项目或者大型游戏公司的 3D 建模等。伴随着技术进步带来的设备提升,用户对移动端的这类高效能的工作站的需求越来越大。到目前为止,像戴尔、联想还有惠普这样的知名品牌也积极投入新型便携式的超级工作站的研发生产之中了。

除了笔记本电脑和台式计算机外,平板电脑也逐渐变成人们必不可少的娱乐设备。它的最大优点在于它具有便携性和移动性,而且丰富多样的应用程序扩展了它的功能。很多数字绘画艺术家都试图利用这个平台进行创作。

Nicholas Negroponte 在 1995 年所著的 *Being Digital* 中对计算机未来的展望大部分被在 21 世纪实现的技术预言证实。随着时间的推移，我们将更加依赖数字技术的发展。未来，数字技术将会为我们带来更多的创新、更具趣味性的交互式体验及更高程度的参与感。

二、数位板和操作系统的基本配置

如图 1-3-1 所示，我们使用数位板作为重要的数字绘画工具，它成功地解决了艺术家与计算机间的互动问题。这个小巧的矩形区域恰好能反映到计算机屏幕上，使我们的创造力得以充分发挥。得益于数位板核心技术的运用，也就是数位板感压功能的使用，我们在绘画过程中能够体验到像在纸上作画一样的感受。例如，Wacom 影拓系列高端绘图板具有高达 2048 级的感压功能，这种精度足够识别出微妙的压力差异，从而有助于我们更加精准、自然地掌控手中的画笔。

图 1-3-1

数位板可利用软件功能去模仿各种水彩画风格（如铅笔绘制的效果）或其他艺术形式（如中国书法或油漆刷子涂抹出来的画面等）。此外，数字压感和图像处理程序之间的无缝配合也使得许多传统的技巧变得不再适用或者难以完成任务了。如今，数字化手写设备已经成功地被运用到计算机美术创作中，包括在动画影片的设计及后期剪辑工作流程上都发挥着重要作用。一些大型商业影视作品中视觉冲击力极强的场景元素，像令人叹为观止的大型 3D 动作冒险类巨作 *Avatar* 中的宏伟而又细腻入微的高科技人物形象，都是由我们的电子伙伴精心打造而成的。

在本书中，我们将运用数码绘图工具 Photoshop 来创作艺术作品。成功装载了数码绘图设备的驱动器后，数码绘图设备的所有灯光都会亮起，表示它已准备好投入服务。随着科技的发展，目前数码绘图设备已经可以带来顺畅的使用体验，尤其是在 Windows 10 系统环境下。

第四节　常用的图像格式详解

我们所创建或者由计算机生成的图像文件，都必须被保存下来，以便后续查阅、处理和传递。图像文件格式是计算机对图像数据的特殊编码方法，也就是按照一定的规则进行图像像素的组织和储存。

一、JPEG

作为"联合图像专家组"的简称，JPEG 代表了适用于真实色彩或者渐变式影像的一种图片格式。这种格式的特点是采用有损压缩技术来达到优化文件大小的目的,这意味着我们会在文件体积下降的同时观察到画质的相应损失。一旦把图片转为 JPEG 格式,图片内的透明部分将会被替换为单一颜色。

二、PSD

作为 Adobe Photoshop 的核心数据结构,PSD 格式能够处理多层次的数据展示和引用问题。它由于是专门针对 Photoshop 开发的设计格式,因此之前和其他非由 Adobe 公司制作的应用程序间的兼容性相对较低。然而,如今 Photoshop 和 Painter 之间的互操作性能得到了显著提升,如果人们对相关基础知识有所了解,那么就可以在两款软件之间交换包含图层、图层遮罩和 Alpha 通道的文件。为了能在 Painter 里打开 Photoshop 文件,首先需要将文件存储为 Photoshop 格式的文件,这样才能保持诸如图层风格和图层调节等初始效果和特性。接着,创建一份副本并将图层转换为像素图层,再以 Photoshop 格式存储该文件,以方便在 Painter 中使用。对于在 Painter 上完成的作品,建议采用 RIFF 格式(默认格式)保存,这种格式有助于保留 Painter 中的原始绘画效果,如"湿"的水彩颜色、厚的油漆色泽、特殊的特效图层等。若想在 Photoshop 中打开 Painter 文件,则需将文件以 Photoshop 格式保存,并确保那些特定的图层被转化为标准图层(即像素图层)。

三、EXR

EXR 代表了开放式高精度的渲染技术,是由著名的特效公司——工业光魔所研发的用于存储高清影像数据的一款工具。它的特点在于能够处理大量的颜色信息并提供宽泛的光线与颜色的变化区间,因此被广泛应用于高端影音制作中,用作首选的数据存储方式。

四、TGA

TGA 是美国 Truevision 公司开发的一种文件格式。这种格式基于 Windows 系统开发,支持调色板对色彩曲线的控制,同时支持黑白模式、RGB 通道彩色模式和 RGBA 通道透明模式,每个通道都使用 8 位深度的图像格式,支持无损压缩,因此文件占用空间相对较大。

五、BMP

BMP(Windows 标准位图)是最常见的点阵图格式之一,也是 Windows 系统中的通用格式。它以无损的方式存储在 Windows 系统中展示的点阵图,因此不会降低图像质量,但文件体积相对较大。

六、DPX

DPX(数字图像交换)是一种专门应用于影片制作的编码方式。DPX 格式能够处理多种颜色深度与多个色彩层次的数据信息并能对直流电压图像及 logarithmic image data 进行变换操作。

七、TIFF

TIFF 是一种重要的图像格式,几乎所有数字图像软件都支持 TIFF 格式。它可实现 8 位和 16 位深度的图像转换,实现无损压缩,支持调色台控制颜色曲线及黑白模式、RGB 通道彩色模式和 RGBA 通道透明模式。除了无法将文件压缩到 JPEG 或 JPEG 2000 格式之外,TIFF 格式几乎是一种理想的格式。

八、GIF

在网页设计中,常见的 8 位图像格式为 GIF。GIF 格式具有广泛的应用。该格式不仅支持动画和图像背景透明,并且可以选择 8 比特或 16 比特位深模式,还可以对 RGB 通道图像进行无损压缩。

九、PNG

PNG 是一种与 GIF 格式相似、支持透明通道的图像格式。

第五节　数字绘画与传统绘画的关系

伴随着艺术技巧和画风的逐步完善,数字绘画从初始阶段的试验性质转变为从属于商用范畴,并且开始与商业设计紧密结合。因带来独特的视觉体验并具有方便传播的特性,加上投入较低和工作流程高效,数字绘画迅速吸引了众多设计师的关注。在商业设计的成功推动下,数字绘画在理念、制作方法甚至使用设备等方面都取得了显著进步、实现了明显提升。

21 世纪以来,全球经济迅速增长促进了消费时代的到来,商业设计门类细分,数字绘画与设计学科结合得更加密切,在平面设计、环境艺术设计、包装设计、服装设计、多媒体动画、产品设计、陶瓷设计、纤维艺术等领域中,数字绘画发挥着不可或缺的作用。无论是模拟手绘风格的商业海报,还是家居设计效果图;无论是动画创作中的原画和故事板,还是服装设计的创意手稿,这些作品都可以归入数字绘画范畴。数字绘画在商业设计中显示出良好的市场适应性和旺盛的生命力。短短几十年来,数字绘画所涉及的领域和创作范围已使传统艺术 "望尘莫及"。

科技的发展与人类文明的提升无疑催生了数字艺术这一创新成果。数字艺术以全新的方式展现出独特的艺术创意及视觉效果,为艺术家提供了更多的可能性与更高的灵活度。数字绘画和传统绘画实质上都归属于艺术创制范畴,都旨在传达我们的思想理念。二者仅在制作方法上有差别,因此我们无法将二者割裂并对立地看待。

数字绘画和传统绘画并无冲突之处,只在于我们应该如何看待二者。许多人在接触数字绘画之后,并未重视对传统美术的研究学习,他们误以为传统的美术会被数字技术替代,这种观点是极其片面的。现在,许多年轻人都过于专注数字绘画技巧的发展,机械地复制一些所谓的大师风格,却忘记了深入研究并掌握基础的传统美术知识,这使得他们的作品在色彩、形态和总体设计上都显得单调乏味,缺少吸引力和创新精神,难以产生持久的影响力。因此,我们必须明确问题所在,即尽管数字绘画的出现和进步依赖传统美术的基础积累,但它也无法脱离传统美术的影响和对传统美术的传承,因为它们都是在为记录美学理念和创意火花服务。

所有的事物往往都必须依赖周边的关系才能生存下去,同样的道理也适用于传统绘画和数字绘画。深度丰富的传统绘画会促进数字绘画的发展;同时,数字绘画会为传统绘画提供新的思考和借鉴。生活的经验可以成为艺术创新的基础,而创意则是艺术发展的核心驱动力。为了让数字绘画持续保有它的艺术价值和生活活力,我们需要明确一点,即数字绘画工具仅仅是艺术家用来表达自己观念或创意的工具,而不是他们内心创造力的替代品,这是因为真正意义上的艺术创新始终源于我们的自我意识。

一、数字绘画在电影项目中的运用以及对未来的预期

在影片开拍初期,对电影的构思和场景的设计,对整部作品的生产过程具有关键性的引导功能。从文字剧本到荧幕上的动态图像的转变过程,使得电影画面生动、形象,这都得益于艺术家的精湛技艺。然而,过去的艺术表现主要依靠手绘技术来实现,尽管能产生一定程度的视觉效应,但是效率低、色彩鲜艳度不足且难以修正,因此影响了实际操作的效果。随着数字化时代的到来,一种新型的创意方法应运而生——利用数字绘画技巧进行电影美术前的概念设定得到更加普遍的使用。特别是好莱坞的大型科幻特效电影,拍摄初期的概念设计部分占有核心地位。

对于电影前期的概念设计师而言,不仅要将剧本中的文本转换成可见的影像,更为关键的是要明确整部作品的大致风格,并向全体拍摄团队提供一幅创意思维地图。对这个阶段的研究一直是电影制作人、摄像师及视觉特效主管等人热议的话题之一。每一部电影都有它独特的想象力与创新思维。

概念设计师需要透过绘画概念设计图来表达想法。这包括理解导演的创意理念、解析剧本、搜集资料等,然而这些步骤更注重“概念”,始终围绕着电影的基本氛围展开创作。利用数字图像展示场景的设计元素,如艺术性和技术的匹配程度,能否符合电影的主题、类型、风格、基调、情节、角色设定等因素,能够为导演、演员、摄影师等人提前呈现电影中典型的视觉环境。对于电影概念设计来说,画出的场景概念图应该体现出三维的空间形状、场景的主色调、颜色处理、镜头布局、前景与后景的关系以及节奏感。电影概念设计师需要注意环境氛围、地域特点和生活气息的表现,同时还要考虑电影的动态特性、调度安排、蒙太奇技法、造型设计的风格模式等问题。此外,电影概念设计师还需要经由主要创作团队的商讨,并在导演的引导下达成一致的创作目标和造型设想,然后由主要参与者签署确认。这对实际拍摄情况乃至最后的成像效果都有极大的指导意义。在剧本内容的探讨方面,电影概念设计师可以使用直接明了的方式,使制作人、导演了解到该部电影可能产生的结果和内容。在绘制场景概念图时,电影概念设计师要考虑到后续执行的可能性。从场景概念图中应当能够推断出这个场景大致需要花费的费用。通常情况下,节省开支的方式会被优先选择。色彩对比试验:同一张构思画作可能会存在多种颜色风格,这有助于让制片人明晰各种颜色的变化如何影响剧情的表现力。视角与摄像机的考量:设计时需要考虑到演员区域、相机移动空间及各个角度等因素。

二、数字绘画在电影特技中的应用

伴随着科技发展对影视产业的影响日益显著,影视产业的生产过程及画面呈现方式取得了惊人的突破与创新。如今,借助先进的技术设备(如电子计算器等),可以生成或仿真各种独特的图像表现形式,这部分影像的效果往往超越现实场景中的摄影技巧所能实现的效果。尤其是美国的好莱坞大片,已把特殊效应视为重要元素之一。早在 1939 年的年度评选活动中就设立了一个专门表彰优秀特技画面的"奥斯卡"大奖——奥斯卡金像奖最佳视觉效果奖，这一荣誉会授予获得最多投票数的那些具有卓越技术含量的影像制品。例如，第 84 届奥斯卡金像奖最佳视觉效果奖获奖影片为 *Hugo*，第 85 届奥斯卡金像奖最佳视觉效果奖获奖影片为 *Life of Pi*。

在数字艺术如何融入影视制作中以实现视觉效果提升这一问题上，我们必须关注的是一种名为"digital matting art"，或被称为"masked drawing"的技巧——这是早期影像处理技术的核心部分之一。这种方法出现于 20 世纪初期没有色彩、声音且以默片形式存在这一影片时代里，且最初仅限于手工描画并使用简陋设备操作。

早在 1907 年，电影 *Missions of California* 便已经开始使用接景技巧——艺术家 Norman A. Dawn 在透明片子上作画，并在实地拍摄时将其放置在前景位置，从而实现了简易的合成效果。进入 20 世纪 70 年代之后，伴随着计算机设备功能的持续增强和计算机视觉科学的研究深化，这种被称为早期"电影魔法"的手艺——绘景技术已不再单纯地依赖传统的油画技法，而是采用以数字图层为基础的数字化制作方式，这也促使绘景技术的应用范围从二维元素的融合，扩展到了二维、三维等多种技术的结合利用。

在视觉效果强大的影片里，所有看似真实的场景几乎都是由绘景技术实现的，这种技术的第一个高峰出现在 1933 年上映的电影《金刚》中，随后这种技术又被应用到了如《星球大战》（见图 1-6-1）、《魔戒》等作品中。随着时间的推移，绘景技术已经发展成为影视特效制作中的关键工具。如今，使用融合了三维技术的绘景技术制作的画面变得越来越精致且真实。

一部影视剧开始拍摄时，数码画师在背后默默付出着辛勤努力和汗水。获得第 72 届戛纳国际电影节最佳剧本奖，并获得金棕榈奖提名的《燃烧女子的肖像》（见图 1-6-2）中的精美画面设计与色彩调配等，就是利用数字技术实现的。

图 1-6-1

图 1-6-2

在我国，绘景技术的潜力还远未爆发出来。随着时间的推移，中国的数字绘画团队正在逐步获得国内影视行业的信任与认可。这种趋势已经体现在了如《无极》《天地英雄》《天下无贼》《云水谣》《黄金大劫案》《唐山大地震》《大闹天宫》等多部国产电影作品中。

随着一出接一出的视效巨制的公映持续冲击我们的感官，年轻人已逐渐习惯利用业余时间去体验这种"视觉盛宴"。同时，这些影片对观影者的美学要求也在逐步提高，这无疑给制作人带来了更高的挑战。

与此同时，AIGC 技术的发展正在深刻影响着数字绘画领域，如 Midjounery（见图 1-6-3）。AIGC 工具极大地提高了艺术家的创作效率。通过利用 AI 算法，艺术家可以快速生成复杂的纹理、形状和色彩组合，节省了大量手工绘制的时间。这使得艺术家能够将更多的精力放在创意构思和艺术表达上，而将重复性的工作交给 AI 处理。此外，AIGC技术还为艺术家提供了新的创作可能性，如生成独特的笔刷、滤镜和特效，丰富了数字绘画的表现力。

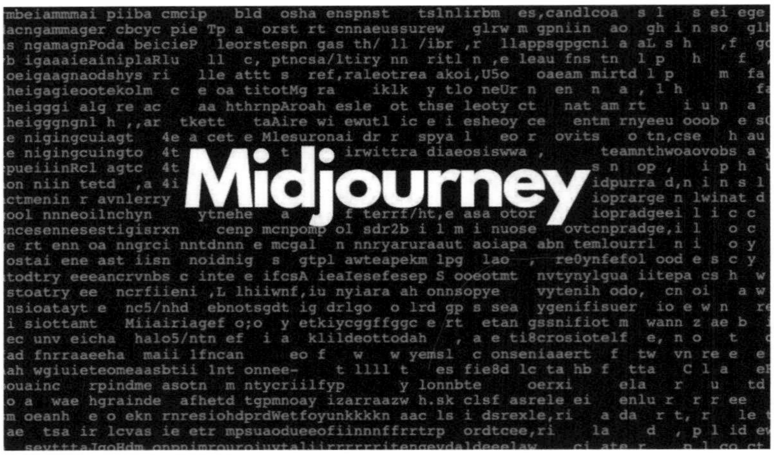

图 1-6-3

AIGC技术正在改变数字绘画的创作方式和艺术风格。在传统上，数字绘画主要依赖艺术家的手工技巧和经验。而现在，AIGC工具可以通过学习大量的艺术作品，自动生成具有特定风格或主题的图像。这使得艺术家可以更容易地尝试不同的艺术风格，或创造出全新的视觉效果。同时，AIGC技术也在一定程度上弱化了手工技巧的重要性，使得更多的人可以参与到数字绘画作品的创作中来。

AIGC技术的发展也引发了关于艺术创作和欣赏的讨论。一些人认为，利用AIGC工具生成的作品缺乏人类艺术家的情感和创造力，无法真正达到艺术的高度；另一些人则认为，AIGC技术为艺术创作提供了新的可能性，扩展了艺术表达的边界。无论如何，AIGC技术正在改变我们创作和欣赏数字绘画作品的方式，它的影响将随着技术的进一步发展而不断深化。艺术家和观众需要保持开放的心态，积极探索AIGC技术带来的机遇和挑战，以推动数字绘画艺术的发展。

在电影制作的标准日益提升和制作联动更加紧密的背景下，需要更多具备深厚艺术功底并且能熟练运用数字绘画技巧的全面人才。

── 课后任务 ──

实践操作：选择一款主流的数字绘画软件（如Adobe Photoshop、Procreate，或者Krita），完成一幅作品。在创作过程中，尝试使用不同的工具和功能，以熟悉软件的基本操作和高级功能。

研究报告：撰写一篇关于数字绘画与传统绘画的比较分析报告。内容需包括两者在技术手段、艺术表达、作品传播等方面的异同，以及关于数字绘画如何影响现代艺术界的讨论。另外，需引用具体的艺术作品或案例来支持你的分析。

技术探索：调研并总结当前市场上可用的数字绘画硬件设备（如绘图板、触摸屏笔记本、专业绘图显示器等），比较至少三种设备的性能、特点及适用人群，最后推荐适合不同用户需求（如业余爱好者、专业艺术家、学生等）的设备。

Shuzi Huihua Jifa Shizhan Jiaocheng

第二章

PS 绘制古风头像技法练习

掌握使用 Photoshop 软件绘制古风头像的全过程(从基础的笔刷应用到复杂的色彩铺设和细节调整);理解并应用各种笔刷制作技巧,以及针对古风头像的不同部分进行专门上色的技术。

学习难点

理解并掌握古风笔刷的特性及其在绘制过程中的具体应用方法,特别是如何通过笔刷设置来模拟传统古风绘画的笔触和质感;精确控制颜色层次和细节的处理,掌握脸部、手部、头发、衣物和发饰等复杂部分的上色技巧。

学习目标

能够独立使用 Photoshop 完成一个古风头像的绘制,包括线稿制作、色彩铺设和最终的细节调整;通过实践提高对古风头像各个细节部分上色的技巧和审美判断能力,最终创作出具有传统美感和现代感的古风艺术作品。

第一节　笔刷的应用

一、笔刷的分类

(1)普通圆笔刷。普通圆笔刷是最基础的笔刷,用它画出的线是由圆点组成的。普通圆笔刷经常用于画首饰的流苏、珠串等。普通圆笔刷的使用效果如图 2-1-1 所示。

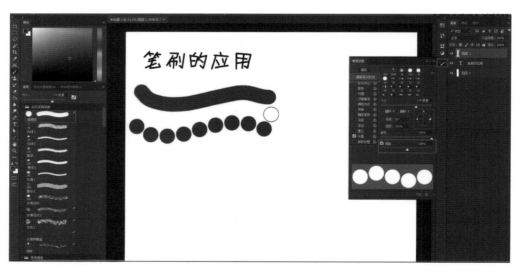

图 2-1-1

(2)勾线 1 笔刷。用勾线 1 笔刷画出的线很明显带有一定的肌理效果,边缘比较清晰。勾线 1 笔刷的使用效果如图 2-1-2 所示。

(3)勾线 2 笔刷。用勾线 2 笔刷画出的线具有一定的肌理效果,相较用勾线 1 笔刷画出的线边缘模糊一点,也朦胧一点。勾线 2 笔刷的使用效果如图 2-1-3、图 2-1-4 所示。

图 2-1-2

图 2-1-3

图 2-1-4

（4）晕染笔刷。用晕染笔刷画出的线具有非常强烈的肌理效果，也正因为如此，一般不轻易用晕染笔刷上色，除非特殊需要。平时会把晕染笔刷当作橡皮擦使用，选中橡皮擦，再选中晕染笔刷，可擦出富有肌理的渐变效果，且这种富有肌理的渐变效果比画出来的肌理效果浅许多。在绘画当中，使用晕染笔刷擦出肌理效果会更好些。晕染笔刷的使用效果如图 2-1-5 至图 2-1-7 所示。

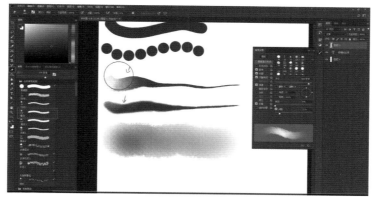

图 2-1-5　　　　　　　　　　　　　　　　图 2-1-6　　　　　　　　　　　　　　　　图 2-1-7

（5）晕染 1 笔刷。用晕染 1 笔刷画出的线的肌理效果有点类似水墨在宣纸上晕染出来的效果。晕染 1 笔刷常用于铺色上色。晕染 1 笔刷的使用效果如图 2-1-8 所示。

（6）水痕 1 笔刷。用水痕 1 笔刷画出的线相比用晕染 1 笔刷画出的线边缘要硬一些，透明度也高一些。水痕 1 笔刷常用来上阴影部分的色。因为透明度高，所以用水痕 1 笔刷铺色上色不会完全遮盖住下面隐藏的内容。水痕 1 笔刷的使用效果如图 2-1-9 所示。

（7）晕染 2 笔刷。它没有前两个晕染笔刷的效果，相比晕染 1 笔刷多了一个湿边的效果。晕染 2 笔刷的使用效果如图 2-1-10 所示。

图 2-1-8　　　　　　　　　　　　　　　　图 2-1-9　　　　　　　　　　　　　　　　图 2-1-10

（8）水痕花纹笔刷。水痕花纹笔刷用于产生随机的水痕肌理效果，如图 2-1-11 所示。

（9）水痕花纹 2 笔刷。水痕花纹 2 笔刷用来制作随机的水痕肌理效果。用它画出的线相对于用水痕花纹笔刷画出的线边缘更硬一些，如图 2-1-12 所示。

（10）水花 1 笔刷。使用水花 1 笔刷，犹如水痕当中出现了朵朵棉花，如图 2-1-13 所示。

（11）大面积撒盐笔刷。大面积撒盐笔刷用于在整幅画面已经画完之后进行肌理效果处理。在使用大面积撒盐笔刷之前要选择颜色，如选择白色，在黑色底上获得肌理效果，起到点缀的作用。大面积撒盐笔刷的使用效果如图 2-1-14 至图 2-1-16 所示。

图 2-1-11

图 2-1-12

图 2-1-13

（12）树叶笔刷。树叶笔刷是制作树叶的笔刷，用于画一些简单的背景，这样就不用一片一片地勾线上色了。若要画一些远的树叶，则使用树叶笔刷画后期处理也会比较方便，可以大大节省绘画时间。树叶笔刷的使用效果如图 2-1-17 所示。

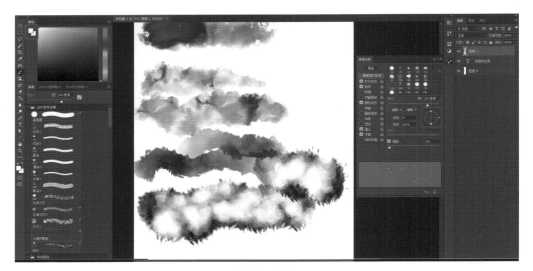

图 2-1-14

图 2-1-15

图 2-1-16

图 2-1-17

二、笔刷的设置

这里主要以普通圆笔刷（见图 2-1-18）为例，重点介绍笔刷常用的属性。

（1）大小。"大小"属性反映笔刷笔触大或小的效果。

（2）硬度。"硬度"属性的参数值设置为 100% 时边缘是非常硬的；否则，边缘就会软化，变得朦胧一些，如图 2-1-19 所示。

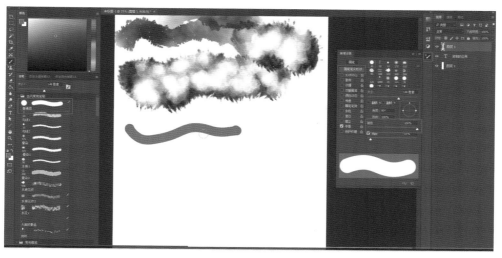

图 2-1-18

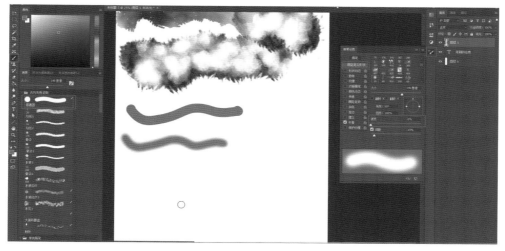

图 2-1-19

（3）间距。普通圆笔刷"间距"属性的参数值设置得足够大时就可以得到类似珠串的效果，如图2-1-20所示。

（4）方向。以用树叶笔刷画出的树叶为例，设置不同的方向会得到不同的效果，如图 2-1-21 至图 2-1-23所示。

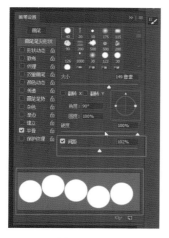

图 2-1-20

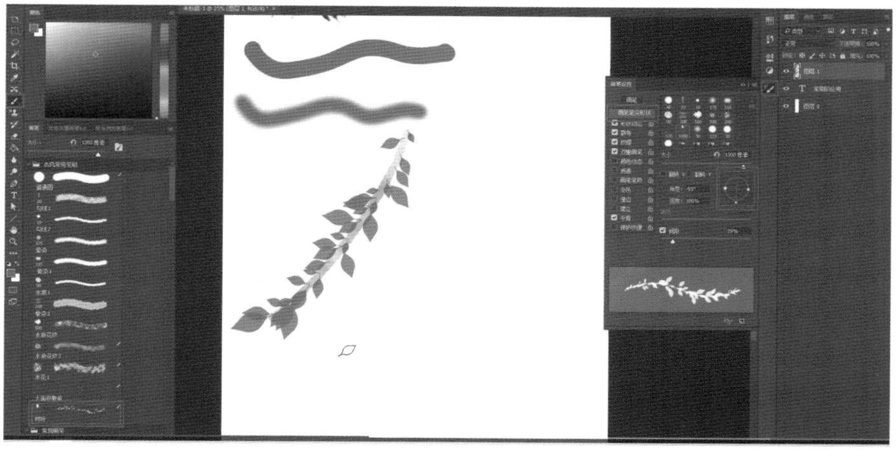

图 2-1-21

图 2-1-22

图 2-1-23

⑤笔刷形态中的钢笔压力。这里以用普通圆笔刷做示范,钢笔压力就是指画者下笔时的轻重。画者下笔轻笔触就细,下笔重笔触就粗,如图 2-1-24 所示。笔刷形态中的钢笔压力和数位板的压感息息相关。

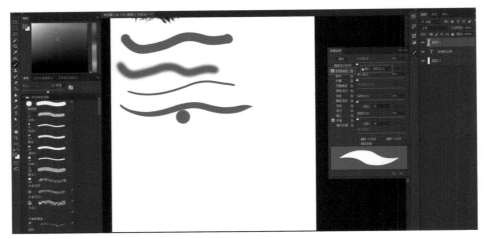

图 2-1-24

⑥大小抖动。这里以普通圆笔刷做示范,设置"大小抖动"属性就是改变普通圆笔刷画出的圆的大小,这样画出的线条就会不均匀、不规律,形成粗糙的边缘,如图 2-1-25 所示。

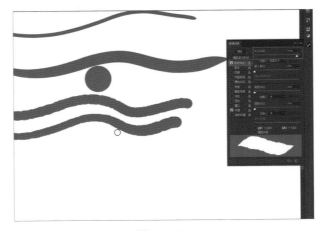

图 2-1-25

（7）最小直径。普通圆笔刷的笔触调小时笔尖是小的，而开大时，不管画得多轻，线条都是粗粗的，如图2-1-26、图2-1-27所示。

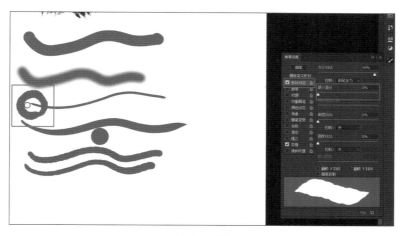

图 2-1-26

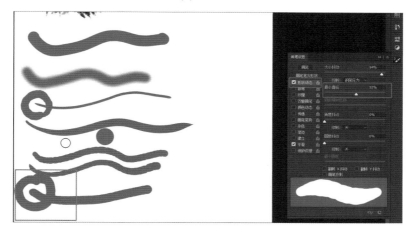

图 2-1-27

（8）角度抖动。这里用树叶笔刷做示范。关闭"角度抖动"功能时树叶变得层层叠叠，只是朝着一个方向；把"角度抖动"功能打开时，树叶就会向四周分散开来，"角度抖动"属性的参数值设置得越大，树叶向四周分散的角度就会越大。一般应根据需要设置"角度抖动"属性。"角度抖动"属性的设置如图2-1-28、图2-1-29所示。

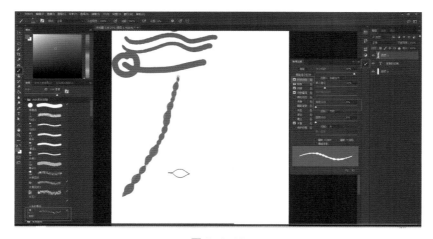

图 2-1-28

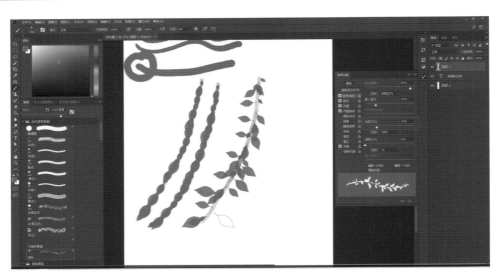

图 2-1-29

（9）方向控制。方向控制也很重要，关闭"方向控制"功能时，不管枝干多么弯弯绕绕，它的叶子都只会朝向一个方向；"方向控制"功能打开之后，树叶就会根据笔刷的走向而变化，如图 2-1-30、图 2-1-31 所示。

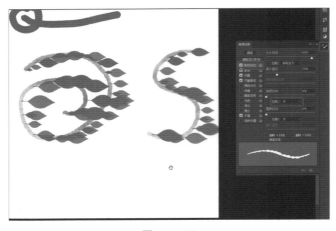

图 2-1-30

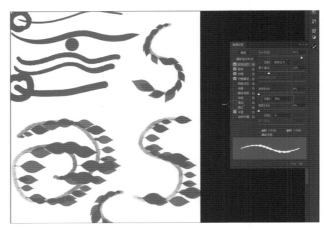

图 2-1-31

（10）圆度抖动。"圆度抖动"属性用于改变叶子的形状，关闭"圆度抖动"功能时只是叶子的大小有变化，打开"圆度抖动"功能后叶子的大小和形状都会发生变化，如图 2-1-32、图 2-1-33 所示。画者可根据自己的需求设置此属性。

图 2-1-32

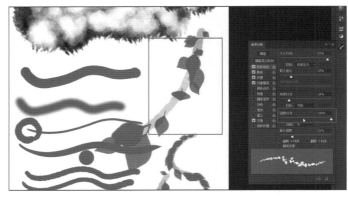

图 2-1-33

（11）散布。"散布"属性用于将叶子散开。把"散布"功能开到一定程度叶子就会一片片分散开，关闭"散布"功能叶子会根据枝干进行分布，如图2-1-34、图2-1-35所示。

图 2-1-34

图 2-1-35

（12）数量。"数量"属性的参数值设置得较小时叶子的片数变少，设置得大一些叶子就会变多，如图2-1-36、图2-1-37所示。

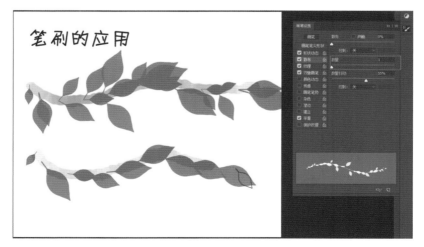

图 2-1-36

图 2-1-37

"数量抖动"属性用于使叶子分布得更加不均匀,如图 2-1-38 所示。

图 2-1-38

（13）纹理。不同笔刷画出的画的纹理是不一样的,如用晕染笔刷画出的画的纹理非常明显,不应用"纹理"功能的画没有纹理。换一种纹理就意味着换一种笔刷。"纹理"属性的设置如图 2-1-39 至图 2-1-42 所示。

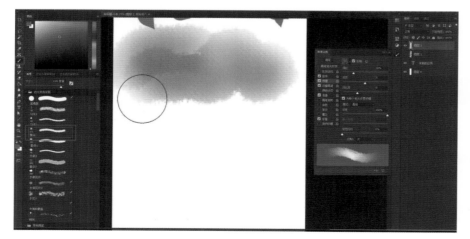

图 2-1-39

图 2-1-40

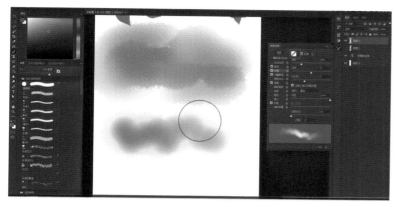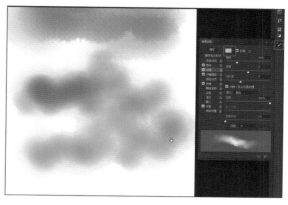

图 2-1-41　　　　　　　　　　　　　　　　　图 2-1-42

（14）双重画笔。树叶笔刷就是双重画笔，一开始其实只有一片叶子，应用"双重画笔"功能就形成了一枝树叶。如果关掉"双重画笔"功能，画出来后就没有中间的那个枝干。打开"双重画笔"功能之后再选择一种效果，就可以得到我们想要的树叶笔刷效果图。"双重画笔"属性的设置如图 2-1-43 至图 2-1-45 所示。

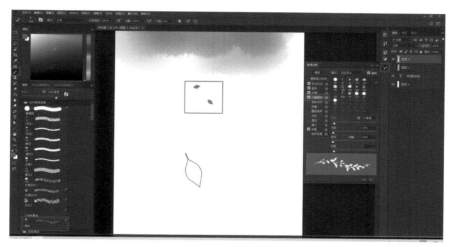

图 2-1-43

图 2-1-44　　　　　　　　　　　　　　　　　图 2-1-45

（15）颜色动态。"颜色动态"功能的作用就是区分前景和背景，如应用树叶笔刷时前景选绿色、背景选橘色，并设置"前景/背景抖动""色相抖动"属性的参数值。当"前景/背景抖动"属性的参数值设置为最大时前景、

背景的颜色变化最大,调小参数值则前景、背景的颜色变化变小。关闭"颜色动态"功能,就只有绿色。"颜色动态"属性的设置如图 2-1-46、图 2-1-47 所示。

图 2-1-46

图 2-1-47

(16)传递。打开"传递"功能之后,下笔轻颜色就浅,下笔重颜色就浓,如图 2-1-48 所示。

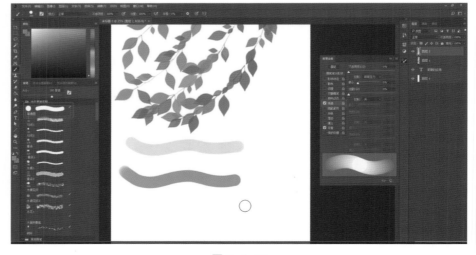

图 2-1-48

（17）湿边。模拟在纸上留下的水痕、水渍的效果时,需要设置"湿边"属性。使用晕染 2 笔刷,就可得到湿边的效果,画出来的画的边缘就是水墨晕开的湿边效果。"湿边"属性的设置如图 2-1-49、图 2-1-50 所示。

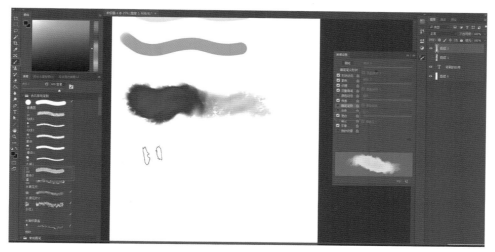

图 2-1-49

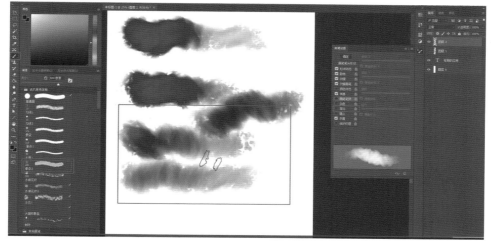

图 2-1-50

关于古风头像的绘制,主要需要设置笔刷的上述属性,所以关于笔刷的其他属性,这里不做介绍。

第二节　笔刷的制作

Photoshop 有一个强大的功能,那就是制作笔刷。这里以画树叶(见图 2-2-1)为例讲解如何制作笔刷。

（1）如果直接画出一片叶子,则中心点在叶片上,如图 2-2-2 所示。众所周知,叶子长在枝干或藤蔓上,中心点应设置在叶柄部分。

图 2-2-1

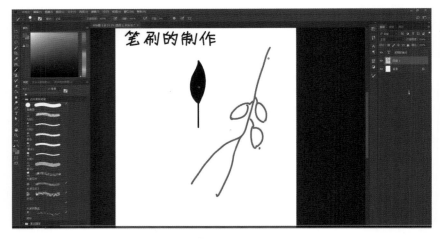

图 2-2-2

②用普通圆笔刷画一个大圆，使用矩形工具（见图 2-2-3）画出大圆的外接正方形，然后使用直线工具（见图 2-2-4）画出正方形的对角线，两对角线的交点（见图 2-2-5）就是叶子的中心点。

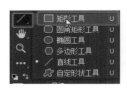

图 2-2-3

图 2-2-4

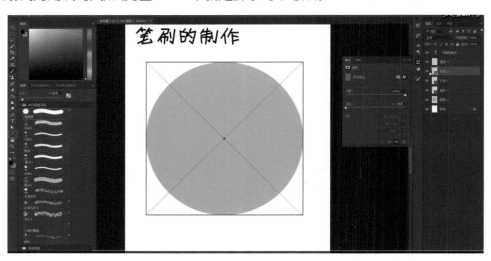

图 2-2-5

③返回至大圆状态，从中心点开始画出叶柄，填充好半个叶片的颜色，并修饰叶片，然后同时按住 Ctrl 键和 Alt 键拖出另一片叶片的图案，如图 2-2-6 所示。

（4）单击鼠标右键，在弹出的菜单中选择"水平翻转"选项（见图2-2-7），将两半片的叶片合并在一起，然后将鼠标置于图层选项卡（见图2-2-8），同时按Ctrl键和E键合并图层，并对叶子做适当修整。

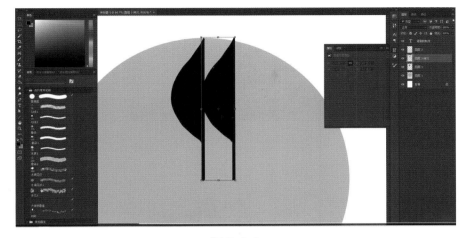

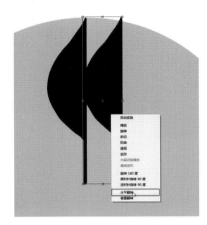

图2-2-6　　　　　　　　　　　　　　　　　　　　　图2-2-7

（5）完成的图中会有圆，但是又不能舍弃，这时可以把圆的透明度降低，对叶子也可以适度降低透明度，并同时按Ctrl键和E键把两个图层合并，如图2-2-9至图2-2-11所示。

图2-2-8　　　　　　图2-2-9　　　　　　图2-2-10　　　　　　图2-2-11

（6）合并好图层之后，使用魔棒工具（见图2-2-12），并在菜单栏中选择"选择"菜单中的"反选"选项（见图2-2-13），把整个图案圈选出来。

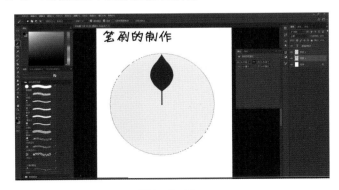

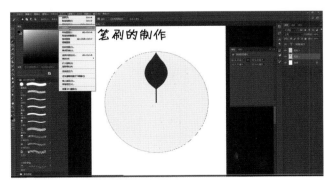

图2-2-12　　　　　　　　　　　　　　　　　　　图2-2-13

（7）在菜单栏"编辑"菜单中单击"定义画笔预设"选项（见图2-2-14），在弹出的"画笔名称"对话框中输入画笔名称,然后单击"确定"按钮(见图2-2-15),就得到了一个样本画笔。

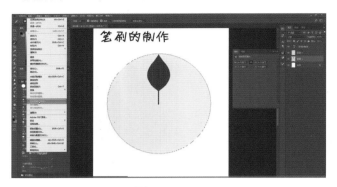

图2-2-14　　　　　　　　　　　　　　　　　　图2-2-15

(8)建立一个新的图层后,就得到了拥有这种效果的笔刷。由于之前调节了叶子的透明度,因此所绘制的叶子重叠时会呈现出遮挡效果,如图2-2-16所示。

(9)在"画笔设置"对话框可以设置这个树叶笔刷,如图2-2-17所示,以达到我们想要的效果。

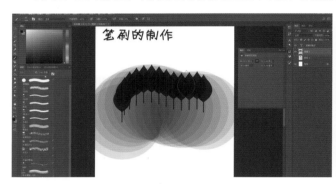

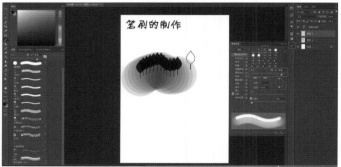

图2-2-16　　　　　　　　　　　　　　　　　　图2-2-17

(10)树叶不会整整齐齐地排列,所以可以调节树叶的方向,如图2-2-18所示。

(11)树叶也不能长得太密集了,因此还可以改变它们的间距,如图2-2-19所示。

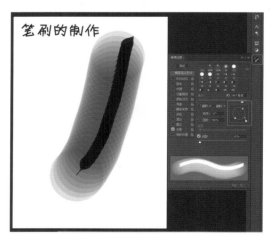

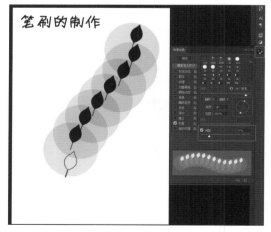

图2-2-18　　　　　　　　　　　　　　　　　　图2-2-19

(12)为了使树叶更加生动,在"画笔设置"对话框中勾选"形状动态",在"控制"的下拉列表中选择"钢笔压力"(见图2-2-20),这样树叶就有了大小的变化了,如图2-2-21所示。

(13)在同一棵树上,叶子的大小往往差别并不会很大,因此需要调节叶子的最小直径(见图2-2-22),使得最小的叶子和最大的叶子大小不会差别太大。

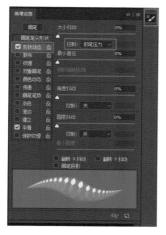

图 2-2-20

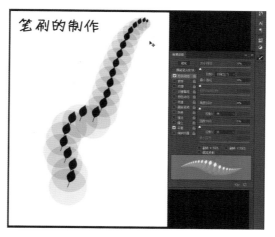

图 2-2-21

（14）真实的叶子往往不会排列得很平整，因此需要设置"大小抖动"属性，如图 2-2-23 所示。

（15）由于叶子往往不会都朝着一个方向长，而是呈起起落落的变化，因此需要设置"角度抖动"属性，如图 2-2-24 所示。

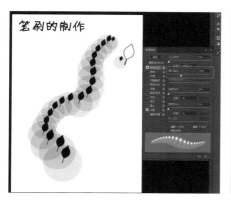

图 2-2-22

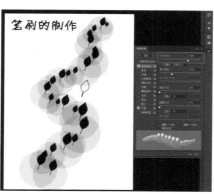

图 2-2-23

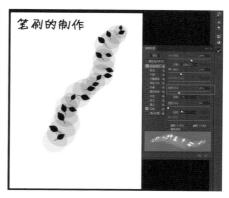

图 2-2-24

（16）在"控制"下拉列表中选择"方向"（见图 2-2-25），可以优化角度抖动的效果，如图 2-2-26 所示。

（17）设置"圆度抖动"属性，如图 2-2-27 所示。

图 2-2-25

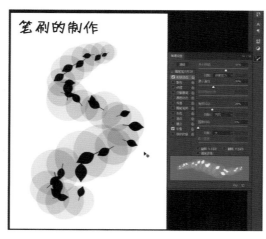

图 2-2-26

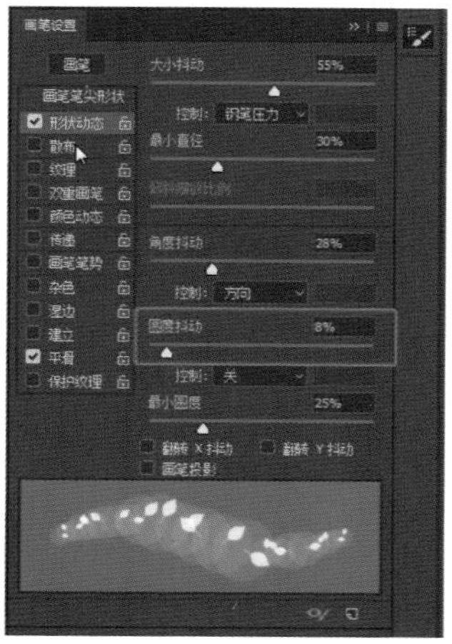

图 2-2-27

（18）由于树上的叶子也不是乱七八糟的，因此在"画笔设置"对话框"散布"选项卡，在"控制"下拉列表中选择"关"，并设置"数量"属性的参数值为"2"，如图 2-2-28 所示，这样一个点上就长出两片以上的叶子，如图 2-2-29 所示。

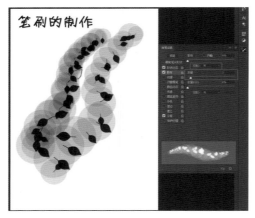
图 2-2-28

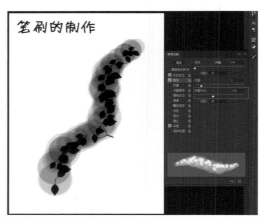
图 2-2-29

（19）当叶子太密集时，在"画笔设置"对话框打开"画笔笔尖形状"选项卡，将"间距"属性的参数值调大一些，并调整方向、设置"角度抖动"属性，如图 2-2-30 至图 2-2-32 所示。注意，此步骤可重复进行，以获得理想的结果。

图 2-2-30

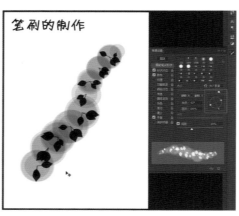
图 2-2-31

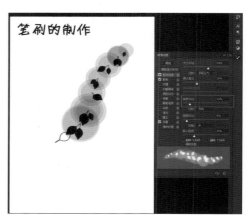
图 2-2-32

（20）在"画笔设置"对话框"纹理"选项卡，在"模式"下拉列表中选择"颜色加深"，这样圆就可以变得淡一些，或者选择"线性加深"，然后可以再调节一下"间距"属性的参数值，如图 2-2-33 至图 2-2-35 所示。

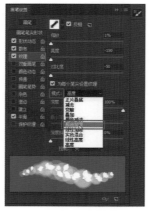
图 2-2-33

图 2-2-34

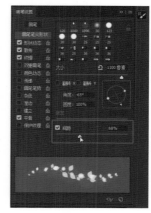
图 2-2-35

（21）在"画笔设置"对话框"双重画笔"选项卡，尝试将画笔叠加起来，看看哪个效果更好，如图 2-2-36、图 2-2-37 所示。

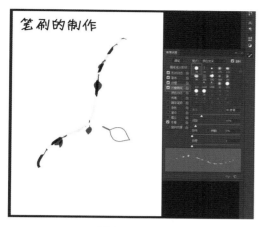

图 2-2-36

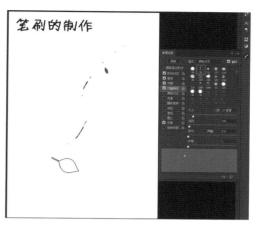

图 2-2-37

（22）在"画笔设置"对话框"双重画笔"选项卡"模式"下拉列表中选择"实色混合"，在"画笔设置"对话框"纹理"选项卡"模式"下拉列表中选择"颜色加深"，如图 2-2-38、图 2-2-39 所示。

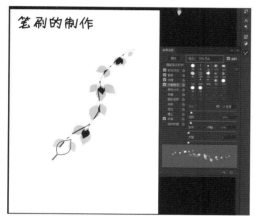

图 2-2-38

图 2-2-39

（23）在"画笔设置"对话框"纹理"选项卡"模式"下拉列表中选择"线性加深"并进行适当的调节，然后设置"颜色动态"属性，如图 2-2-40 所示。

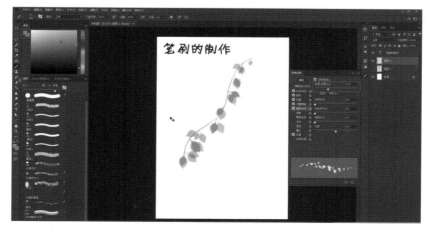

图 2-2-40

（24）"传递"功能可以打开也可以不打开，打开后的效果如图 2-2-41 所示，但如果想画出虚实结合的树叶，使用橡皮擦效果会更好一些。

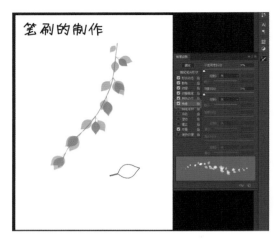

图 2-2-41

（25）若叶子的距离太大，则需要调节"间距"属性的参数值，如图 2-2-42 所示。这时，也可进一步调节"圆度抖动""角度抖动"等属性，以达到理想效果，如图 2-2-43 至图 2-2-45 所示。

图 2-2-42　　　　　　　图 2-2-43　　　　　　　图 2-2-44　　　　　　　图 2-2-45

（26）全部调整好后，单击"确定"按钮进行保存，如图 2-2-46 所示。

（27）在"画笔"列表中单击鼠标右键，选择"重命名画笔"选项，可以为画笔重新命名，如图 2-2-47、图 2-2-48 所示。出现如图 2-2-49 所示的情况，可调节透明度进行解决。

  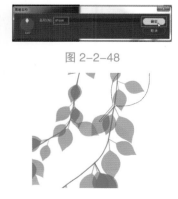

图 2-2-48

图 2-2-46　　　　　　　　　　　图 2-2-47　　　　　　　图 2-2-49

运用上述方法可以画银杏叶、柳叶等，如果要画松针，则可以先画几片松针制作画笔。

第三节　古风笔刷的运用方法

（1）按住 Shift 键画出一个圆，并调整圆的大小，然后单击鼠标右键，在弹出的菜单中选择"栅格化图层"选项，将图层变成一个普通的图层，如图 2-3-1、图 2-3-2 所示。

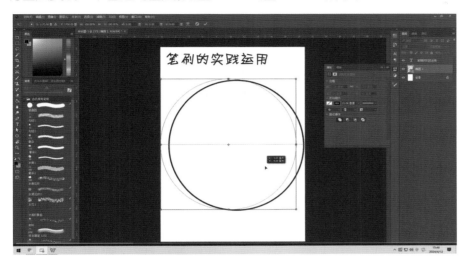

图 2-3-1

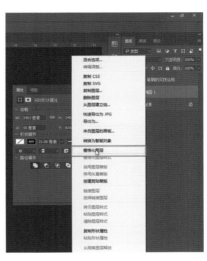

图 2-3-2

（2）新建一个图层——图层 1，并用油漆桶工具为它填上一种颜色，如图 2-3-3 所示。

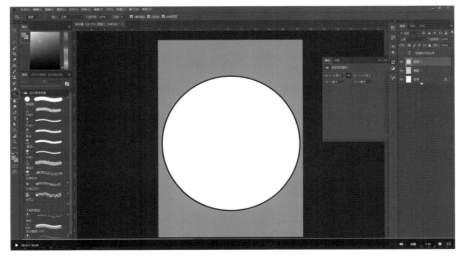

图 2-3-3

（3）新建一个图层——图层 2，在菜单栏"编辑"菜单中选择"填充"选项，在弹出的"填充"对话框"自定图案"下拉列表中选择纸质的肌理，单击"确定"按钮，再在右侧"图层"选项卡设置图层模式为"正片叠底"，如图 2-3-4 至图 2-3-7 所示。

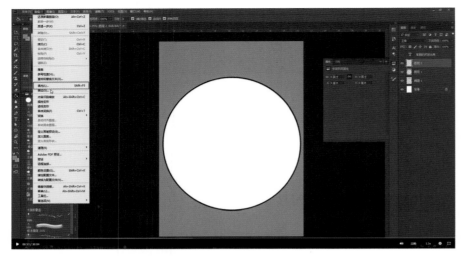

图 2-3-4

图 2-3-5

图 2-3-6

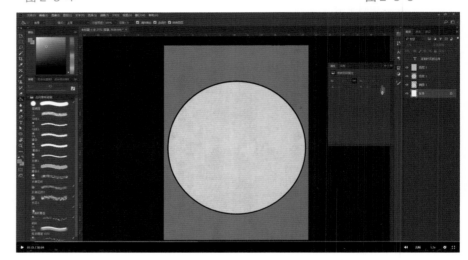

图 2-3-7

（4）新建一个图层——图层 3，如图 2-3-8 所示。

（5）用勾线 1 笔刷做一些构图，如图 2-3-9 所示。

图 2-3-8

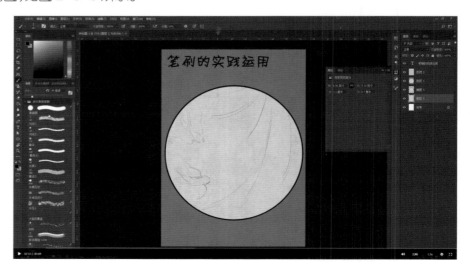

图 2-3-9

（6）新建一个图层——图层4，用晕染1笔刷画出背景，因为要画燕子跟树叶，所以选用绿色调的背景，然后刷出渐变的效果，如图2-3-10所示。

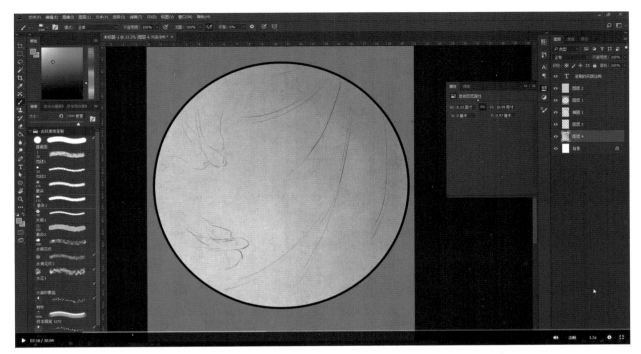

图 2-3-10

（7）在背景的图层上再建一个新图层，用水痕花纹笔刷为背景叠出水痕效果，然后在菜单栏"滤镜"菜单中选择"风格化"→"查找边缘"，在右侧的"图层"选项卡设置图层模式为"正片叠底"，水痕效果也就更加明显了，如图 2-3-11 至图 2-3-13 所示。

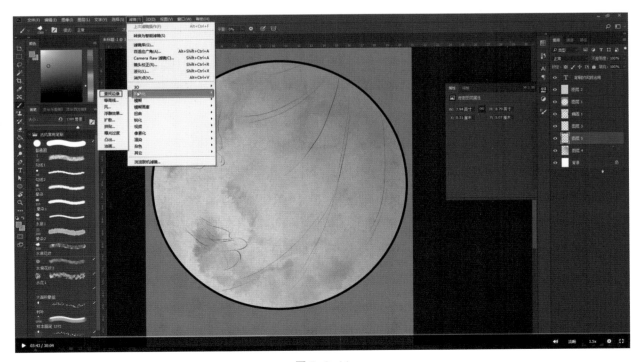

图 2-3-11

图 2-3-12　　　　　　　　　　　　　　　　图 2-3-13

（8）在上面的基础上新建一个图层，用水花 1 笔刷并选择一种较暗的颜色轻轻叠加一下，然后重复上面的动作做正片叠底，如图 2-3-14 至图 2-3-16 所示。

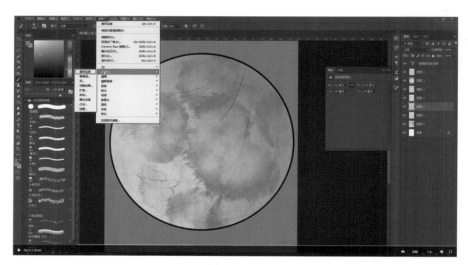

图 2-3-14

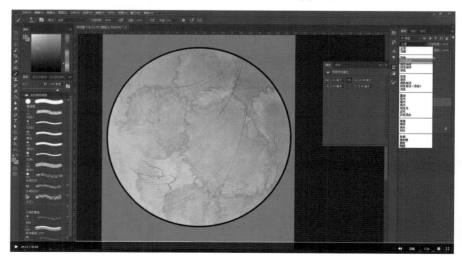

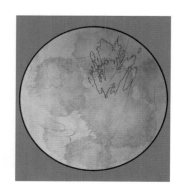

图 2-3-15　　　　　　　　　　　　　　　　　　图 2-3-16

（9）画面的图案太明显时，可以用橡皮擦擦出理想效果，然后合并背景图层，如图2-3-17所示。

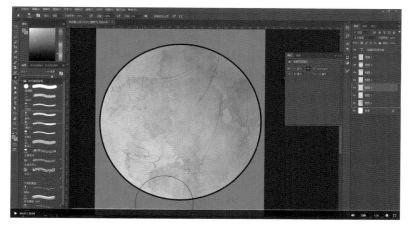

图2-3-17

（10）在背景图层上新建一个图层，用树叶笔刷并选择一种颜色在背景上画出大小适宜的树叶，同时关闭草稿图层，如图2-3-18所示。

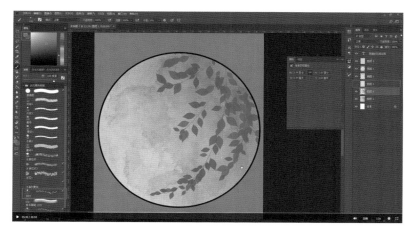

图2-3-18

（11）在树叶图层的下面新建一个图层，再画一层后景颜色饱和度低一点的树叶，并选择"正片叠底"模式，然后用橡皮擦擦出渐变的效果，注意将前景的树叶也擦一下，这样会更加生动，如图2-3-19、图2-3-20所示。

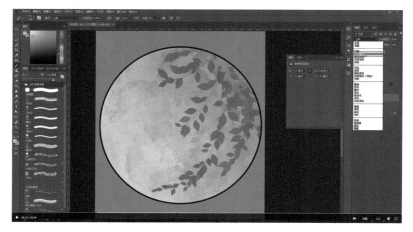

图2-3-19

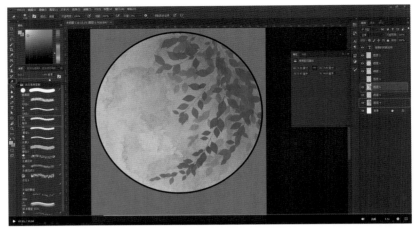

图 2-3-20

（12）在前景的图层上新建一个图层，单击鼠标右键，在弹出的菜单中选择"创建剪切蒙版"选项（剪切蒙版的好处就是在原始图层里面怎么画都画不出去，从而不会影响其他地方），并选择"正片叠底"模式（因为越接近树干位置，树叶的颜色越老，所以在"正片叠底"模式下做出颜色调整），如图 2-3-21 至图 2-3-23 所示。

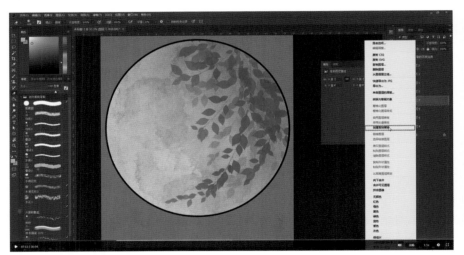

图 2-3-21

图 2-3-22

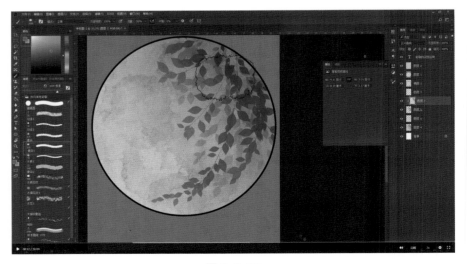

图 2-3-23

（13）在上一步的基础上新建图层并选择"叠加"模式，对位于枝干末梢的叶子做出提亮调整，比较嫩的叶子偏黄一点，再选择橘色小范围上色，丰富颜色的变化，如图 2-3-24 至图 2-3-26 所示。注意，在这个过程中不要将颜色调得太突兀，并把剪切蒙版里的图层都合并了。

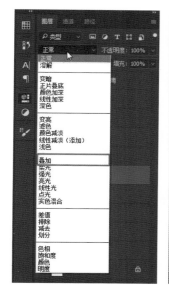

图 2-3-24

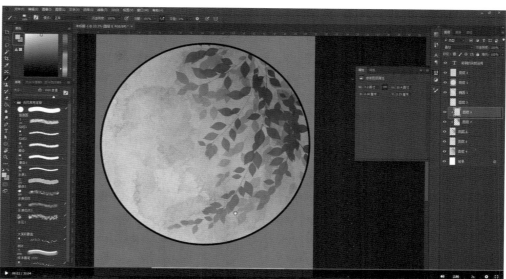

图 2-3-25

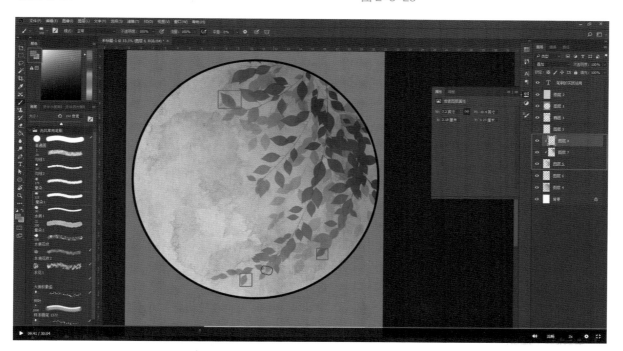

图 2-3-26

（14）在上一步的基础上框选全部，复制粘贴出一样的图形叠加上去，然后在出现的新图层上，在菜单栏"滤镜"菜单中选择"风格化"→"查找边缘"，并选择"正片叠底"模式，这时树叶就会有勾线的痕迹，随后将不透明度降低一些并合并图层，如图 2-3-27 至图 2-3-30 所示。

（15）对背景的叶子重复上面的操作，先复制粘贴叠加，然后查找边缘并做正片叠底，最后降低不透明度并合并图层，如图 2-3-31、图 2-3-32 所示。

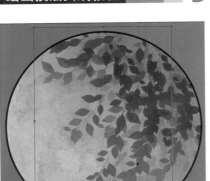

图 2-3-27

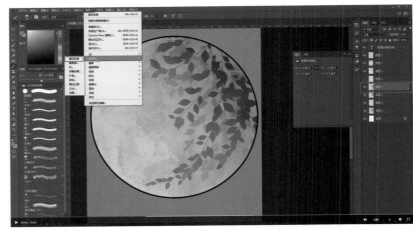

图 2-3-28

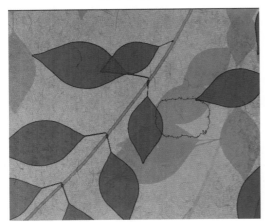

图 2-3-29

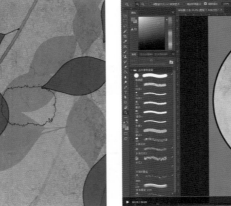

图 2-3-30

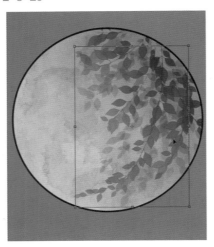

图 2-3-31

图 2-3-32

　　（16）在背景前新建一个图层用以画小燕子，选择勾线 1 笔刷，再按住 R 键将画布转到画起来顺手的位置，画出燕子的草稿，然后缩小看效果并做出调整（燕子不要平行飞行），最后做出动态效果并把不透明度降低，如图 2-3-33 至图 2-3-35 所示。

　　（17）在上一步的基础上新建一个图层，用勾线 1 笔刷精确勾线，然后删除草稿图层，如图 2-3-36、图 2-3-37 所示。

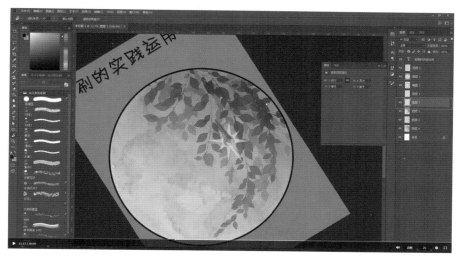

图 2-3-33

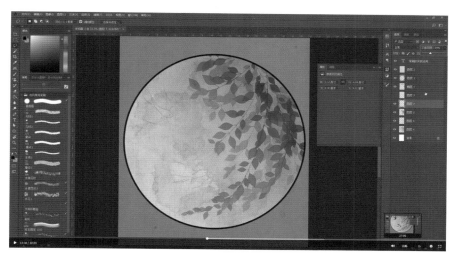

图 2-3-34

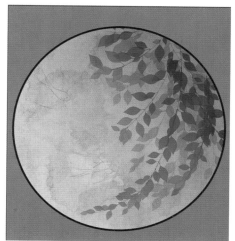

图 2-3-35

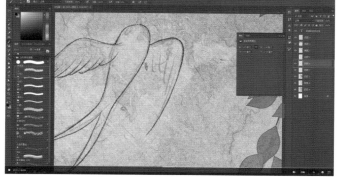

图 2-3-36

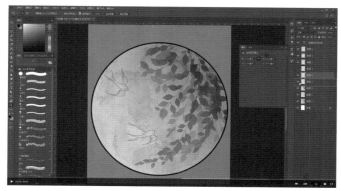

图 2-3-37

（18）在背景图层上新建一个图层，给燕子上墨绿色，如图 2-3-38、图 2-3-39 所示。铺色时要注意看整体的色调，不能现实中是黑色就铺全黑色，要做颜色的变化，使所画出的事物更具美感。

（19）在上一步的基础上新建一个图层，设置为剪切蒙版图层，并做出颜色的变化，如在身体上做出蓝色变化，在翅膀尖、尾巴尖上做出偏黄的变化，或者直接吸取画布上原有的颜色做调整，使整幅画色调更加统一，如图 2-3-40、图 2-3-41 所示。

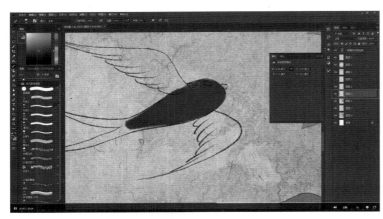

图 2-3-38

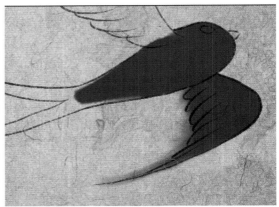

图 2-3-39

图 2-3-40

图 2-3-41

（20）新建一个剪切蒙版图层，用水痕花纹笔刷在燕子身上同样做出水痕效果，然后在菜单栏"滤镜"菜单中选择"风格化"→"查找边缘"选项并设置为"正片叠底"模式，如图 2-3-42 所示。

图 2-3-42

（21）新建一个剪切蒙版图层，用晕染 1 笔刷在燕子身上做出颜色体积变化，注意颜色之间的过渡要自然，可以用橡皮擦进行处理，如图 2-3-43 所示。

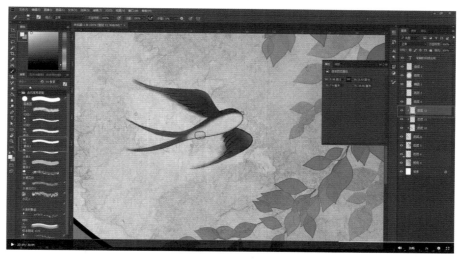

图 2-3-43

（22）画眼睛，在画的过程中不要直接选用纯黑色或纯白色，可以在燕子身上提取一种颜色，再在其中选出一种较深的颜色，这样画面不会显得突兀，眼睛高光部分可用纯白色，如图 2-3-44、图 2-3-45 所示。

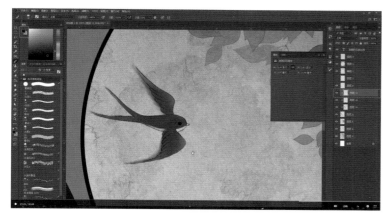

图 2-3-44

图 2-3-45

（23）画完之后若燕子的颜色对比度还不够，则可以再用晕染 1 笔刷进行处理。这时新建一个剪切蒙版图层并设置为"正片叠底"模式，然后选择蓝色系的深色进行上色，使颜色的对比更加强烈，如图 2-3-46 所示。

（24）新建一个剪切蒙版图层，在燕子头部上一点红色，使整个画面更加协调，并与叶子中的暖色相呼应，如图 2-3-47 所示。

图 2-3-46

图 2-3-47

（25）新建一个图层，画燕子的嘴巴，并合并图层，然后找到燕子的线稿图层，在它的上面建立一个新图层并创建剪切蒙版，吸取燕子身上比较深的颜色，把线稿变成所选择的深色，最后合并图层，如图2-3-48、图2-3-49所示。

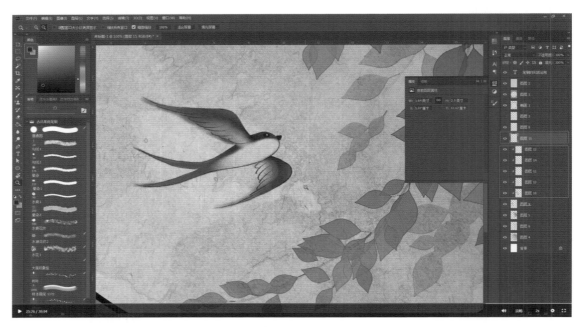

图2-3-48

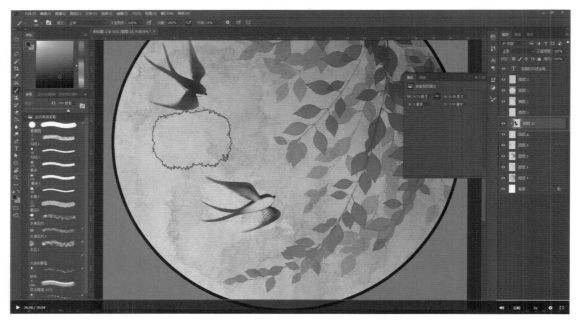

图2-3-49

（26）在画面的最上面重新建立一个图层，用勾线1笔刷并选择一种较画面亮的颜色，然后按住Shift键画出长短不一的直线，达到下雨的效果并增加美感，如图2-3-50所示。

（27）同时按住Ctrl键和T键，改变雨丝的形状大小并稍转动，以显得更加生动；对于有些硬的地方用橡皮擦擦淡一些，以增加透明度对比，并显得更加自然，如图2-3-51所示。

（28）新建图层，选择大面积撒盐笔刷，在树叶上上白色，模拟雨打在树叶上产生的效果，如图2-3-52所示。

图 2-3-50

图 2-3-51

图 2-3-52

第四节　古风头像之线稿（上）

从草稿到线稿的绘制步骤如下。

（1）绘制一个微微倾着头拿花的女孩形象，并降低它的不透明度，如图 2-4-1 所示。

（2）新建一个图层，用勾线 1 笔刷绘制出眉眼，如图 2-4-2 所示。这里画的是一位成熟的女性，所以眉眼画得细长一些。如果想画可爱一点的女性，则眉毛可以画粗一些，眼睛可以画圆一些。在画眉眼的过程中要不断进行调整，以达到满意的效果。

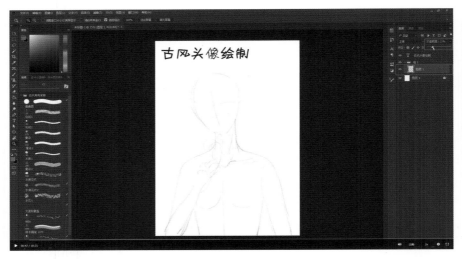

图 2-4-1

图 2-4-2

③因为所画的人物是正面的,所以需要通过复制得到一对眉眼,如图 2-4-3 所示,然后按五官位置调整左右眉眼的位置。

④画鼻子和嘴巴,注意不用画得太明显,如图 2-4-4、图 2-4-5 所示。

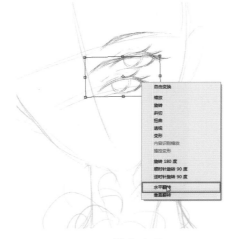

图 2-4-3

图 2-4-4

图 2-4-5

⑤新建一个图层,画轮廓和耳朵,如图2-4-6所示。

⑥画手。古风女子的手要画得纤细修长,指尖微微翘起一点,且在绘画过程中要时刻注意对整体画面效果进行调整,如图2-4-7所示。

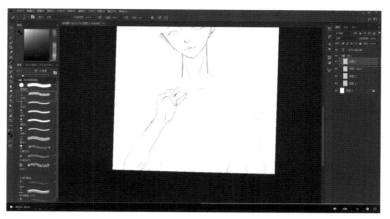

图2-4-6 　　　　　　　　　　　　　　　　　　图2-4-7

⑦画手持着的彼岸花,如图2-4-8所示。

⑧因为画的是成熟的古风女性,所以画三七分的发型,并在鬓角画一些飘逸的碎发,后面的头发披下,在前面放一些头发做修饰,然后装饰一个挽着的发髻,并点缀一些发饰,如图2-4-9所示。

图2-4-8 　　　　　　　　　　　　　　　　　　图2-4-9

⑨画衣服。为了能更快掌握古风头像的绘画技巧,这里选择画较简单的衣服,如图2-4-10所示。

至此,完成了从草稿到线稿的绘制,如图2-4-11所示。

图2-4-10 　　　　　　　　　　　　　　　　　　图2-4-11

第五节　古风头像之线稿（下）

本节讲解如何画正式线稿。

（1）把不透明度降低，如图 2-5-1 所示。

图 2-5-1

　（2）新建一个图层，用勾线 1 笔刷开始画线稿。从眼睛开始画，画时可以将画布调整到舒适的位置，并要画得更加仔细一些，如图 2-5-2 所示。

　（3）画眉毛。画时要注意眉毛的走向，如图 2-5-3 所示。

图 2-5-2

图 2-5-3

④画鼻子。画时注意,正面跟侧面是不一样的,鼻梁在当下可以忽略,着重画鼻头部分,如图2-5-4所示。

⑤画嘴巴,如图2-5-5所示。

图2-5-4   图2-5-5

⑥画好五官后,可以缩小看看效果,以便及时做出调整。调整时,单击菜单栏"滤镜"菜单中的"液化"选项,在弹出的对话框中找到变形工具,用变形工具拉伸调整画面,调整好后单击"确定"按钮,如图2-5-6、图2-5-7所示。

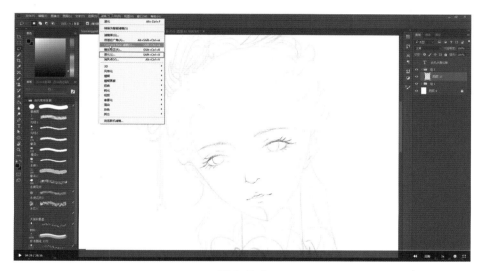

图2-5-6

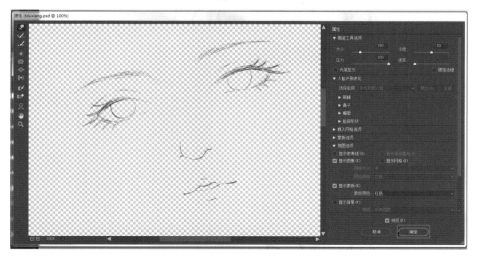

图2-5-7

（7）新建一个图层，画轮廓。画脸部轮廓时尽量使线条流畅，最好一步画到位，并注意虚实变化，这里把耳部轮廓和脖颈也画出来了，如图 2-5-8 所示。

图 2-5-8

（8）新建一个图层，画手。画手时有个技巧，就是骨节点画实一点，其他画虚一点，这样画出来的手好看，如图 2-5-9、图 2-5-10 所示。

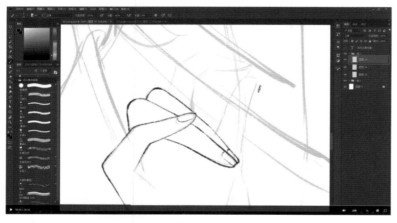

图 2-5-9

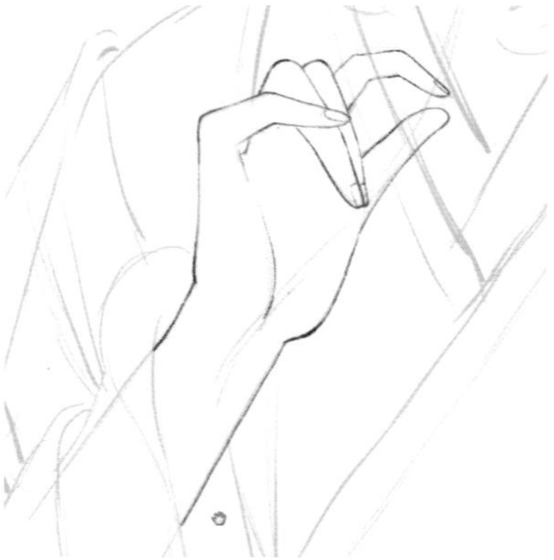

图 2-5-10

（9）新建一个图层，画头发。画时，注意发髻的走向和头发的穿插关系，如图 2-5-11 所示。

（10）新建一个图层，画头饰，并可用魔棒工具做适当调节，如图 2-5-12 所示。

图 2-5-11

图 2-5-12

（11）新建一个图层,画衣服。根据布料画线条,柔软的部分线条可以画得柔和一点,硬的部分线条可以画得相对硬朗一些,并注意线条粗细的变化和疏密关系,平滑的地方线条画得细一些,转折处线条的绘画方法跟画手时一致,如图 2-5-13、图 2-5-14 所示。

（12）新建一个图层,画前面垂落下来的头发,如图 2-5-15 所示。

图 2-5-13　　　　　　　　　　图 2-5-14　　　　　　　　　　图 2-5-15

（13）新建一个图层,画花朵。选用相对应的颜色跟线稿区分开,然后降低饱和度,将花朵变成黑线色稿,如图 2-5-16 至图 2-5-18 所示。

至此,正式线稿就画好了,如图 2-5-19 所示。

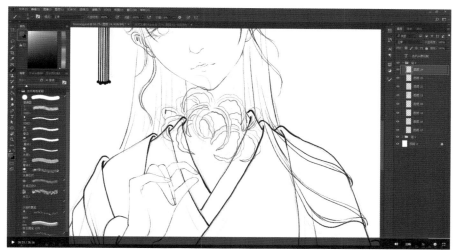

图 2-5-16

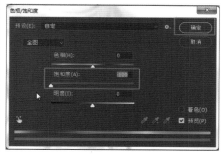

图 2-5-17

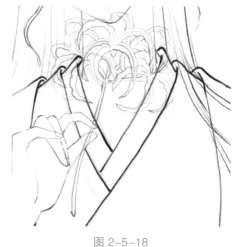

图 2-5-18

图 2-5-19

第六节　古风头像之铺色

　　在铺色前，需要确定想要的色调。这里画的是一位明艳的成熟女性（见图 2-6-1），手上又拿着一朵红色的彼岸花，所以可以画红色调。红色比较抢眼，可以搭配黑色、白色、金色、银色。

　　在上色时给图层命名（见图 2-6-2）有利于管理，特别是当图层较多时，可以提高上色效率。

图 2-6-1　　　　　　　　　　　　　　　　　　　图 2-6-2

　　（1）建立一个新的图层，铺肤色（可以偏橘色一点），如图 2-6-3 所示。

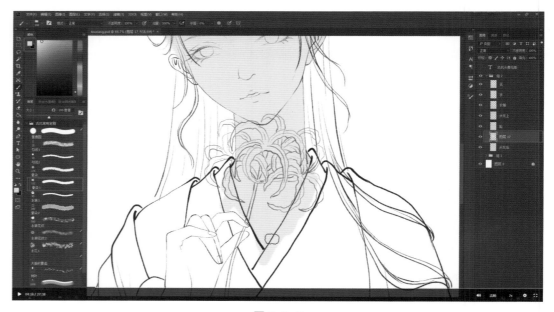

图 2-6-3

（2）新建一个图层，上头发的颜色。由于整体呈红色调，因此可以选用黑色上头发的颜色。对于发髻，尽量按照头发的走向上色。给头发上色时，可以不拘泥于线稿，适当晕出去一点，如图2-6-4所示。

图 2-6-4

（3）若颜色要晕染到其他地方，则可用框选工具进行辅助，如图2-6-5、图2-6-6所示。

图 2-6-5   图 2-6-6

（4）新建一个图层，选用饱和度低一点的红色给衣服上色，对披脖部分的衣服也上色（这是因为披脖普遍都是纱），如图2-6-7、图2-6-8所示。

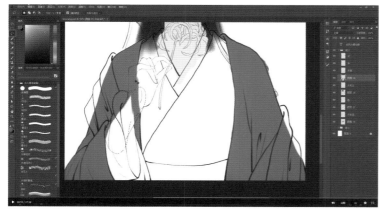

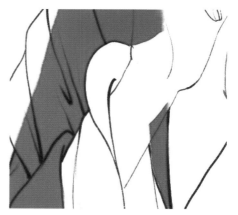

图 2-6-7   图 2-6-8

（5）新建一个图层，填充底色，为衣服的内衬铺色，如图 2-6-9 至图 2-6-11 所示。

（6）新建一个图层，用以为内衬衣服铺粉白色，并把组 2 中的"正片叠底"模式改成"正常"模式，如图 2-6-12、图 2-6-13 所示。

（7）新建一个图层，铺披脖和腰带的颜色，因为已经有了白色和黑色，所以披脖不能选用纯黑色，可以选用偏向红色的黑色，如图 2-6-14 所示。

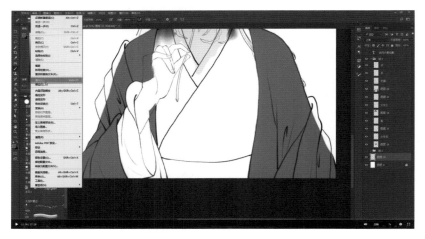

图 2-6-9

图 2-6-10

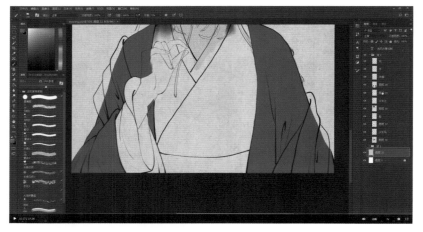

图 2-6-11

图 2-6-12

图 2-6-13

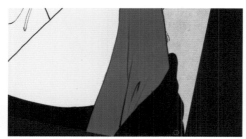

图 2-6-14

10

（11）新建一个图层，画衣服上的头发，如图 2-6-18 所示。

图 2-6-18

（12）新建一个图层，画发饰，如图 2-6-19 所示，画发饰时用到了魔棒工具，以方便线稿上色；再新建一个图层，建立剪切蒙版，这样黑色的线条就变成金色的了，如图 2-6-20 所示。

图 2-6-19

图 2-6-20

（13）针对衣服里衬建立一个剪切蒙版，因为里衬分了两层，所以需要做好区分，如图 2-6-21 所示；外衣也是如此。

　　至此，就完成了铺色，如图 2-6-22 所示。

图 2-6-21

图 2-6-22

第七节　古风头像之脸部上色

（1）找到脸部线稿这一图层，新建一个剪切蒙版图层，用晕染 1 笔刷给脸部换一种更加接近肤色的颜色，然后选择"正片叠底"模式，如图 2-7-1、图 2-7-2 所示。

图 2-7-1

图 2-7-2

（2）新建一个剪切蒙版图层并设置为"正片叠底"模式，选择晕染 1 笔刷，画出脸部阴影部分，在画的过程中可以用橡皮擦擦掉不太自然的部分，如太红太深的地方，如图 2-7-3 所示。

图 2-7-3

③ 新建一个剪切蒙版图层并设置为"正片叠底"模式，一层一层晕染，把颜色加深，如图 2-7-4 所示。

图 2-7-4

（4）新建一个剪切蒙版图层并设置为"正片叠底"模式，选择稍深一点的颜色，一层一层上色，使颜色自然晕开，如图2-7-5所示。注意：眉毛的颜色是两边浅、中间深；鼻子也要上色，鼻子的颜色浅一些；嘴巴颜色的饱和度高一些，参考咬唇妆一层一层晕染的效果上色。

图 2-7-5

（5）新建一个剪切蒙版图层并设置为"正片叠底"模式，加深五官及阴影部分的颜色，如图2-7-6所示。

图 2-7-6

（6）新建一个剪切蒙版图层并设置为"正片叠底"模式，用晕染1笔刷画眼球，画时注意上眼睑会在眼球下面有一层黑影投射，如图2-7-7所示。

图 2-7-7

（7）新建一个图层并设置为"叠加"模式，选择一种亮一点的颜色，在眼球下半部分画一个半圆，若颜色太亮则可以用橡皮擦擦淡一点，如图 2-7-8 所示。

图 2-7-8

（8）新建一个剪切蒙版图层，给眼睛点上高光，如图 2-7-9 所示。

图 2-7-9

（9）完善嘴巴。新建一个图层并设置为"正片叠底"模式，找到眼球高光那层，也给嘴巴画高光，选用一种比嘴巴颜色亮一点的颜色就可以了，然后将笔刷颜色调深一点，这样嘴巴会显得饱满莹润，如图 2-7-10 所示。

图 2-7-10

（10）做正片叠底，用水痕 1 笔刷强调脸部的阴影，画完之后用橡皮擦擦一下，如图 2-7-11 所示。

（11）新建一个图层并设置为"正片叠底"模式，在脸上画一些妆容，在眼尾、脸颊的部分上一些腮红，再用橡皮擦擦自然一点，如图 2-7-12 所示。记得随时缩小看效果，以便及时做调整，如眼睛、眉毛等部分颜色淡了，可新建图层，将颜色加重一些。

图 2-7-11

图 2-7-12

（12）吸取脸部的颜色并调深一点，在脸颊排一些线条，增加绘画感，还可以在脸颊、脖子上加点蓝色，这样显得更加丰富一些，如图 2-7-13 所示。

图 2-7-13

第八节　古风头像之手部上色

（1）合并脸部的图层。注意要一层一层地合并，这样正片叠底的效果不会丢失。

（2）找到手的这一图层，上手部线稿的颜色（见图 2-8-1）并合并图层。

（3）找到手部颜色的那层，新建一个剪切蒙版图层并设置为"正片叠底"模式，选用和肤色相近的颜色，把手部阴影部分晕染一下，如图2-8-2所示。

图2-8-1

图2-8-2

（4）新建一个图层并设置为"正片叠底"模式，选用偏红一点的颜色，在关节和指尖的部分晕染一点红色，如图2-8-3、图2-8-4所示。

图2-8-3

图2-8-4

（5）新建一个图层，用晕染笔刷画出手的阴影部分，画时可以配合使用橡皮擦做辅助，如图2-8-5所示。

图2-8-5

⑥新建一个图层,用晕染1笔刷画手的指尖部分,然后选用饱和度高一点的颜色画指甲,如图2-8-6所示。

图2-8-6

（7）新建一个图层,把受光的部分提亮一些并合并图层,然后检查边缘的部分并做相应处理,以保证画面的完整度,如图2-8-7、图2-8-8所示。

图2-8-7

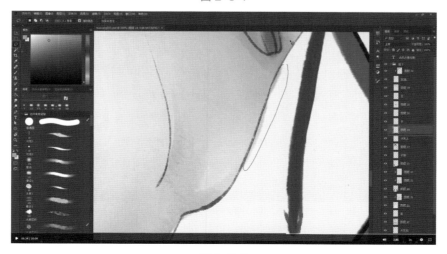

图2-8-8

（8）新建一个图层，再晕染一层指甲的颜色，若此时脸和手的颜色不一样，则可以在整体上调整色相和饱和度，如图2-8-9、图2-8-10所示。

图2-8-9

图2-8-10

第九节　古风头像之头发上色

（1）关闭发饰的图层，找到头发线稿那层后，降低它的透明度，如图2-9-1所示。

（2）找到上色的那一层，新建一个图层，用晕染1笔刷梳理头发的明暗关系，再选择亮一点的颜色，把发亮的部分画出来，如图2-9-2、图2-9-3所示。

图2-9-1

图2-9-2

（3）合并图层，用橡皮擦把边缘擦淡一点，或者用浅一点的颜色晕染边缘，以使得头不会显得死板，如图2-9-4、图2-9-5所示。

④新建一个图层并设置为"正片叠底"模式,选用勾线1笔刷,开始勾头发线条并分组,注意处理好头发之间的穿插关系,如图2-9-6所示。

⑤分组完成之后进行排线,排线时也要注意穿插关系、疏密关系,线条的疏密跟明暗有关,暗的地方画得密集一点,亮的地方画得疏一点,如图2-9-7所示。

图2-9-3

图2-9-4

图2-9-5

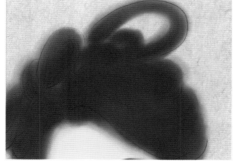

图2-9-6

图2-9-7

⑥新建一个图层,刻画后面的头发,如图2-9-8所示。

图2-9-8

（7）勾肩上的头发,这时可以勾一些头发在外面,如图2-9-9所示。

（8）找到上色的图层,勾发际线的位置,然后找到脸部的图层,修整发际线,如图2-9-10所示。

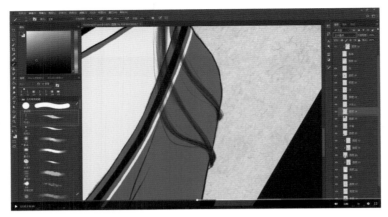

图2-9-9

图2-9-10

（9）回到头发的那层,新建一个图层并设置为"正片叠底"模式,用水痕1笔刷画阴影的部分,阴影部分可以顺着勾画的线条来画,并随时用橡皮擦擦一下边缘,画时注意整体效果,可以在窗口的排列中新建一个窗口,以便随时监控观察整体效果,如图2-9-11、图2-9-12所示。

图2-9-11

图2-9-12

（10）若对整体效果不满意,则可以选择菜单栏"图像"菜单中的"调整"→"曲线",在弹出的"曲线"对话框将曲线向下压,如图2-9-13、图2-9-14所示,这样整体效果会更明显。

图2-9-13

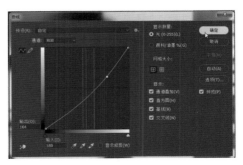

图2-9-14

（11）新建一个图层并设置为"正片叠底"模式，用晕染1笔刷加深暗部，提高整体的对比度，如图2-9-15所示。

图 2-9-15

（12）新建一个图层并设置为"柔光"模式，用水痕1笔刷并选择一种冷色偏亮一点的颜色（与暖色形成对比）上色，用橡皮擦做辅助，如图2-9-16所示。

图 2-9-16

（13）找到下面的头发并加深，然后新建一个图层并设置为"正片叠底"模式，用晕染笔刷画好阴影部分后合并图层，如图2-9-17、图2-9-18所示。

图 2-9-17

图 2-9-18

（14）新建一个图层并设置为"叠加"模式，晕染环境色后面的头发，然后找到头发那层，把边缘的头发擦淡一点，如图 2-9-19 所示。

图 2-9-19

第十节　古风头像之衣服上色

（1）找到外面这层红色的衣服，新建一个图层并设置为"正片叠底"模式，用晕染 1 笔刷增加一点颜色变化后合并图层，如图 2-10-1 所示。

图 2-10-1

②新建一个图层并设置为"正片叠底"模式,用水痕花纹笔刷增加水痕的效果,然后在菜单栏"滤镜"菜单中选择"风格化"→"查找边缘",如图2-10-2所示。

图 2-10-2

③新建一个图层,用晕染2笔刷在衣服褶皱处或比较密集的地方多画一下,在菜单栏"滤镜"菜单中选择"风格化"→"查找边缘",然后选择"正片叠底"模式,合并图层1至图层3,如图2-10-3所示。

图 2-10-3

④新建一个图层并设置为"正片叠底"模式,用晕染笔刷给阴影上色,边缘依然用橡皮擦擦淡一点,如图2-10-4所示。

图 2-10-4

（5）调整曲线，如图 2-10-5 所示，使整体形象更自然生动。

（6）找到白色那层，先用水痕花纹笔刷制造一些水痕效果，然后用橡皮擦将花纹擦淡一些，或者降低花纹的透明度，以免花纹太明显，如图 2-10-6 所示。

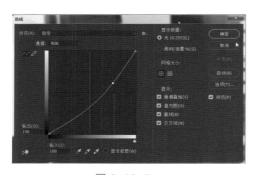

图 2-10-5

图 2-10-6

（7）新建一个图层，用晕染 1 笔刷画阴影部分，如图 2-10-7 所示。

（8）找到披脖的图层，新建一个图层，用晕染笔刷画出渐变色和环境色，由于挨着红色会受红色的影响，因此可以将透明度调低，如图 2-10-8 所示。

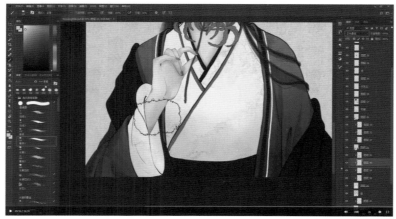

图 2-10-7

图 2-10-8

（9）新建一个图层，用水痕花纹笔刷做水渍效果，如图 2-10-9 所示。

图 2-10-9

（10）新建一个图层，用水痕 1 笔刷画出阴影部分，如图 2-10-10 所示。

图 2-10-10

（11）给衣服加一些装饰，如在披脖上用金色画一些曲线，如图 2-10-11 所示。

图 2-10-11

（12）为花纹图层选择图层模式，通过键盘上的上下键进行模式切换，确定了图层模式后，锁定图层，如图2-10-12、图2-10-13所示。

图2-10-12

图2-10-13

（13）用晕染笔刷加深阴影部分的颜色，提亮受光部分的颜色，使颜色的变化更自然且丰富，如图2-10-14、图2-10-15所示。

图2-10-14

图2-10-15

第十一节　古风头像之发饰上色

（1）找到之前关掉的发饰图层并打开，如图2-11-1所示。

图2-11-1

②找到线稿图层，用晕染1笔刷吸取线稿的颜色并找一种深点的颜色画出金属质感，如图2-11-2、图2-11-3所示。

图2-11-2

图 2-11-3

（3）放大图像，新建一个图层，选择深色稍稍勾一下暗部，如图 2-11-4、图 2-11-5 所示。

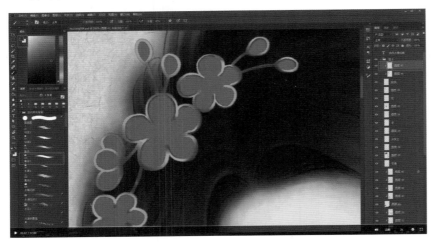

图 2-11-4

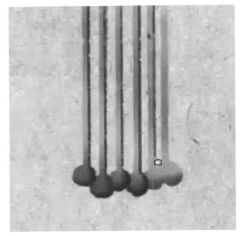

图 2-11-5

（4）新建一个图层，用勾线 2 笔刷并选择亮色进行刻画，因为金属明暗交界线特别明显，所以刻画的亮部就会特别明显，如图 2-11-6 所示。

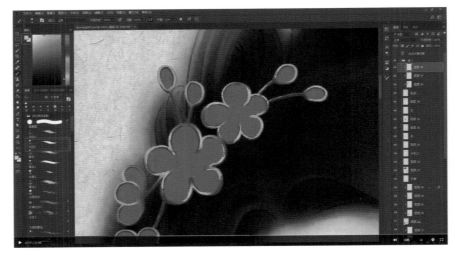

图 2-11-6

⑤放小看效果,然后新建一个图层,用普通圆笔刷画花蕊,如图 2-11-7 所示。

图 2-11-7

⑥新建一个图层,用晕染 1 笔刷吸取花蕊的颜色,再选用深点的颜色画渐变效果,选用亮一点的颜色画反光效果,如图 2-11-8 所示。

图 2-11-8

⑦合并图层并复制一个出来,再重叠上去,在菜单栏"滤镜"菜单中选择"查找边缘",然后合并图层,如图 2-11-9、图 2-11-10 所示。

图 2-11-9

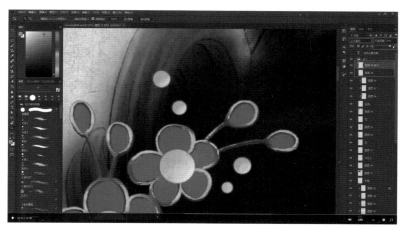

图 2-11-10

（8）用勾线 1 笔刷并选用白色给花蕊加高光效果，如图 2-11-11 所示。

（9）用勾线 1 笔刷吸取金属的颜色，画出串珠子的金属线，然后新建一个图层，用刚刚画金属质感的方法刻画金属线，如图 2-11-12 所示。

（10）找到花瓣的图层，新建一个图层，用晕染笔刷画出花瓣的渐变效果，如图 2-11-13 所示。

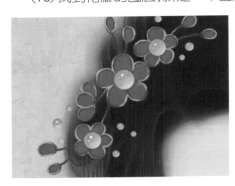
图 2-11-11

图 2-11-12

图 2-11-13

（11）新建一个图层，画高光效果，并把明显的笔触擦淡一点，其他花瓣操作相同，如图 2-11-14、图 2-11-15 所示。

图 2-11-14

图 2-11-15

（12）若缩小看效果时发现偏暗，则可以合并图层，把图案框选出来，在"曲线"对话框中进行调整，如图 2-11-16、图 2-11-17 所示。

图 2-11-16

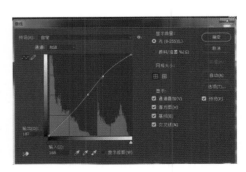
图 2-11-17

（13）找到银杏叶头饰的图层，因为这是一个纯金的发饰，所以线稿可以去掉，然后新建一个图层，把它的边缘处理一下，如图2-11-18所示。

（14）新建一个图层，用晕染笔刷刻画金属质感，把银杏叶头饰的厚度画出来，如图2-11-19所示。

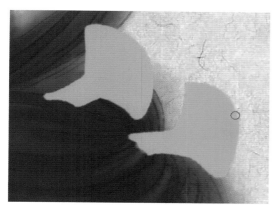

图 2-11-18

图 2-11-19

（15）新建一个图层，在银杏叶头饰上刻画一些祥云图案，并调整好颜色，如图2-11-20、图2-11-21所示。

图 2-11-20

图 2-11-21

（16）锁定图层，把深颜色的部分勾画出来，如图2-11-22所示。

（17）新建一个图层，画亮的部分，然后吸取颜色，再画一些笔触的效果，如图2-11-23、图2-11-24所示。

（18）缩小看效果，并进行整理，然后叠加一个图层，用晕染笔刷做晕染，如图2-11-25所示。

图 2-11-22

图 2-11-23

图 2-11-24

图 2-11-25

第十二节　古风头像之花卉上色

（1）找到花朵的图层，对线稿进行换色，其间注意花瓣跟茎干的颜色，如图 2-12-1 所示。

（2）刻画边缘，刻画前可用套索工具，如图 2-12-2 所示。

图 2-12-1

图 2-12-2

③新建一个图层并设置为"正片叠底"模式,做花的渐变效果,并对花蕊跟花瓣尾做加深颜色处理,如图2-12-3所示。

图 2-12-3

④新建一个图层,用套索工具给花瓣分层——后面的花肯定比前面的花颜色要深些,如图2-12-4、图2-12-5所示。

图 2-12-4　　　　　　　　　　　　　　　　图 2-12-5

（5）新建一个图层，把前面重要的花框选出来，将这些花提亮，以便和位于其左右的花区分开来，画好后在菜单栏"滤镜"菜单中选择"查找边缘"，选择"正片叠底"，用水痕花纹笔刷添加纹理，使画面统一，如图 2-12-6、图 2-12-7 所示。

图 2-12-6　　　　　　　　　　　　　　　　图 2-12-7

（6）在线稿图层新建一个图层，画彼岸花花蕊（注意彼岸花花蕊比较长），然后在花蕊上叠加一点亮色，如图 2-12-8、图 2-12-9 所示。

图 2-12-8　　　　　　　　　　　　　　　　图 2-12-9

（7）锁定图层，用晕染 1 笔刷把花蕊下半部分跟花瓣做区分，再用橡皮擦擦一下，使得过渡更加自然，如图 2-12-10、图 2-12-11 所示。

⑧找到茎的图层,先画渐变色,再添加纹理,如图 2-12-12、图 2-12-13 所示。

至此,完成花卉上色,如图 2-12-14 所示。

图 2-12-10

图 2-12-11

图 2-12-12

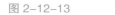

图 2-12-13

图 2-12-14

第十三节　古风头像之整体调整

（1）一层一层地合并可以合并的图层，这样图层模式才不会丢失。

②找到背景图层，放大，使纸纹效果更加明显，并稍做调整，以使背景与头像更加协调，如图 2-13-1 所示。

图 2-13-1

（3）新建一个图层，用水痕花纹笔刷添加水渍效果，在菜单栏"滤镜"菜单中选择"查找边缘"，并做正片叠底效果，如图 2-13-2、图 2-13-3 所示。

图 2-13-2

图 2-13-3

（4）新建一个图层并设置为"正片叠底"模式，在人物背后画出渐变效果，如图 2-13-4 所示。

图 2-13-4

（5）新建一个图层，填充一种颜色并添加杂色，然后降低不透明度，如图 2-13-5 至图 2-13-7 所示。这时画面会有纸质的效果。

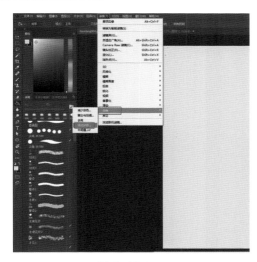

图 2-13-5　　　　　　　　　　图 2-13-6　　　　　　　　　　图 2-13-7

（6）把画面的饱和度降低，如图 2-13-8 所示。

（7）新建一个图层，用大面积撒盐笔刷避开脸部和头发做出肌理效果，如图 2-13-9 所示。

图 2-13-8　　　　　　　　　　　　　　　　　　　　　　　　　　　图 2-13-9

（8）感觉颜色不对时，可以降低饱和度，如图 2-13-10 所示。

图 2-13-10

（9）加深脸部颜色，如图 2-13-11 所示。

（10）找到头发的图层，把头发擦亮点或者用晕染笔刷进行晕染，使面貌更突出些，如图 2-13-12 所示。

图 2-13-11　　　　　　　　　　　　　　　　　　　　　　　　　图 2-13-12

（11）整体画面调好后，把名字放到画面上并做相应调整，如图 2-13-13、图 2-13-14 所示。

图 2-13-13

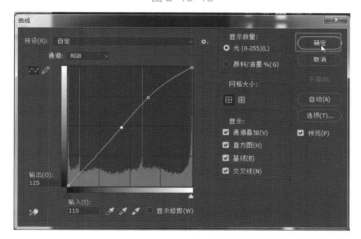

图 2-13-14

（12）整理图层，找到剪裁工具，增加画面的白边，这样整体画面更好看，如图 2-13-15、图 2-13-16 所示。

图 2-13-15

图 2-13-16

── 课后任务 ──

笔刷技能练习:创建至少五种自定义笔刷,并尝试用它们完成一幅简单的古风元素图案。每种笔刷应具备不同的纹理和效果,以便学习如何根据绘画需求选择合适的笔刷。

线稿绘制挑战:选择古风人物的一张照片或一幅画作,使用 Photoshop 重新绘制线稿。画时注意线条的流畅度和粗细变化,完成后与原图进行对比,分析自己所画线稿的优点和不足。

色彩铺设实战:绘制一幅古风头像,并专注于色彩铺设技巧。尝试使用不同的色彩层次和渐变技术,以得到丰富的视觉效果。完成后请同学或朋友提供反馈意见,并根据同学或朋友的反馈意见进行调整。

特定部分上色练习:选择古风头像中的脸部或手部进行细致的上色练习。上色时关注肤色的自然过渡、光影效果的处理,以及如何通过色彩增强表情或手势的表达力。

整体调整与作品完成:对之前练习的古风头像进行整体调整,包括色彩的统一、细节的增强和画面的整体平衡。完成后,组织一次小型的在线展览,邀请朋友或社交媒体上的关注者来观看并提供反馈意见。

第三章

粉笔质感插画设计
——从构思到绘制

学习重点

掌握使用粉笔质感笔刷在数字绘画软件中创建节日主题插画的全过程；学习从构思创意到细化完成插画的步骤，包括草稿的绘制、线稿的精细化以及色稿的分层。

学习难点

理解粉笔质感效果的技术要求和艺术表达，尤其是如何通过笔刷的安装和调整来达到理想的视觉效果；精确控制色彩和细节的处理，特别是在复杂的圣诞场景中圣诞老人和小孩的细节上色。

学习目标

能够独立使用粉笔质感笔刷完成一幅具有节日氛围的主题插画；熟练掌握关于场景构建、人物绘制和色彩运用的技巧，并最终能够创作出具有粉笔质感和节日气氛的艺术作品。

第一节　笔刷的安装及思维发散的过程

笔刷的安装方法是：在应用程序中找到 Photoshop 的文件夹，在这个文件夹中找到笔刷包，如图 3-1-1 所示，然后复制笔刷包。

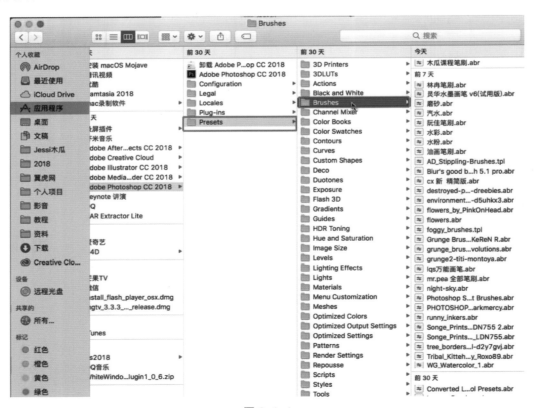

图 3-1-1

笔刷安装完成以后，打开 Photoshop，新建一个文件，如图 3-1-2 所示。

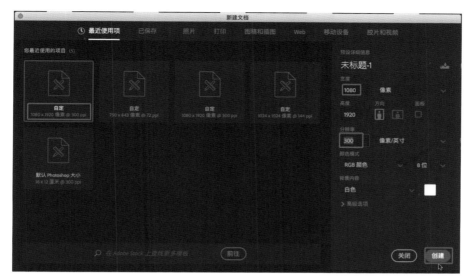

图 3-1-2

如果在画笔栏没有看到画笔的窗口，则可以通过勾选菜单栏"窗口"菜单中的"画笔"选项，把画笔窗口调出来，然后找到安装的木瓜课程笔刷，单击"确定"按钮，如图 3-1-3、图 3-1-4 所示。

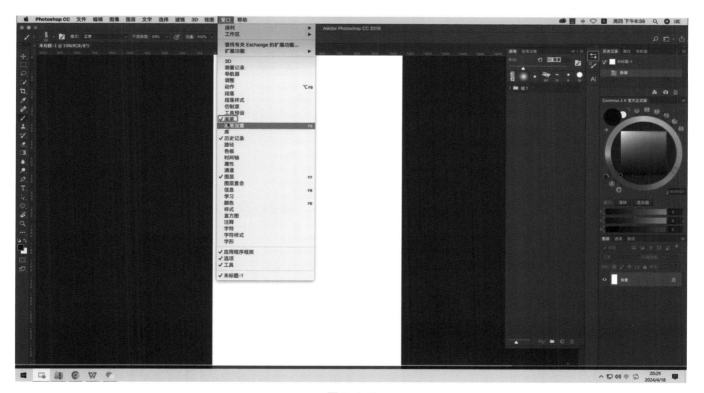

图 3-1-3

图 3-1-4

这里使用 Photoshop CC 2018 进行内容的讲解。在 Photoshop CC 2018 中，可以对笔刷进行分组，非常方便管理我们平常使用的笔刷。木瓜课程笔刷涵盖了讲解本课程用到的所有笔刷，如图 3-1-5 所示。

这里以绘制圣诞节主题插画为例进行介绍。主题确定后，画者往往会先思考和主题相关的元素，然后画出思维发散图。

由圣诞节人们往往会联想到冬天、圣诞树。由冬天又可以联想到雪，由雪又联想到雪人、打雪仗。圣诞树上有灯，由灯又会想到星星。由圣诞节人们往往还会联想到屋顶，由屋顶又可以联想到天空、烟囱，由天空又可以联想到夜晚。由屋顶也可以联想到月亮。由圣诞节还可以联想到圣诞老人、圣诞礼物，由圣诞老人又可以联想到鹿、雪橇，由圣诞礼物又可以联想到小孩、彩带等。关于圣诞节的发散思维图如图 3-1-6 所示。

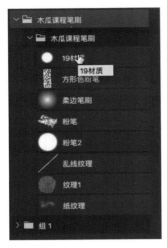

图 3-1-5

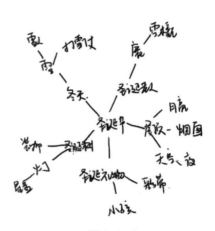

图 3-1-6

在整个思维发散过程中，不用太局限自己，可以展开各种想象。

第二节　绘制草稿的方法及线稿的细化

当有了关于插画主题的关键词后，就可以根据这些关键词去搭建场景了。这时画者通常都会画一些草图，根据不同的关键词去搭建一个故事和不同的构图。草图不必画得特别详细，有一个大概的轮廓和一个大概的构图位置，然后清楚是什么样的形式即可。

关于圣诞节主题插画的草图如图 3-2-1 所示。第一幅草图的立意是：一两只麋鹿拉着一个坐着圣诞老人、放着一堆圣诞礼物的雪橇，从空中飞过，下边隐隐约约有城市。第二幅草图的立意是：圣诞老人做一个特别好玩搞笑的动作。第三幅草图的立意是：圣诞老人以一种很酷的方式出场——滑着滑板，拉着一大袋子礼物飞奔而来。

由一个关键词可以扩散出很多草图，如图 3-2-2 是关于圣诞节主题插画的另外两个草图。在图 3-2-2 中，左图的立意是：圣诞老人抱着三个小孩和圣诞树，身上有一些关于圣诞节的礼物和装饰。右图的立意是：夜晚，圣诞老人在屋顶的烟囱旁边，正准备跳入烟囱。

图 3-2-1　　　　　　　　　　　　　　　　　　　　　图 3-2-2

画完草图并确定方案后,就可以着手细化草图了,如图 3-2-3、图 3-2-4 所示。

图 3-2-3

图 3-2-4

开机页的保持时间一般是 3 ~ 5 秒,所以信息点不宜过多。确定草图的方案后,把它的透明度调低,新建一个线稿的组,然后新建图层,对草图进一步进行细化。

进一步细化后的草图如图 3-2-5 所示。可以看到,整个构图在小孩、圣诞老人这些主体之间呈三角形,达到了稳定的状态。

勾线稿时,可以使用 19 材质笔刷和柔边笔刷,也可以选择自己比较习惯或者觉得好用的其他笔刷。这里,用油斑柔边笔刷勾线稿。

圣诞老人的五官比较居中,显得很萌很可爱。圣诞老人还有白胡子,外加大耳朵、小卷发并戴着圣诞帽,给人一种很慈爱的感觉,如图 3-2-6 所示。

由笔刷切换到橡皮擦的快捷键是 E 键,再由橡皮擦切换回笔刷的快捷键是 B 键。Windows 系统计算机撤销切换的快捷键是 Ctrl 键和 Z 键,Mac 计算机撤销切换的快捷键是 command 键和 Z 键。

线稿一开始不用画得过于细致,画线稿只是为了为后期做轮廓的色彩搭配提供一个基础,所以线稿只要能看清楚轮廓的形状以及整个人物的形即可。在胡子上加一些小点点,眼神向下看,并画出肩膀的轮廓等,如图 3-2-7 所示。

先把圣诞老人的形画全,如图 3-2-8 所示。在对服饰的装扮不是特别了解的情况下,可以先找一些素材做参考。圣诞老人的衣服整体呈红色,袖口和领子上会有白色的毛毛。

图 3-2-5　　　　　　图 3-2-6　　　　　　图 3-2-7　　　　　　图 3-2-8

　　小孩的装扮体现出圣诞节日的氛围,如戴装饰了小毛球的装饰帽。左边的两个小孩拿着礼盒,很开心地聊着自己收到的礼物。这里所画的小孩的服饰参考了圣诞节一些小孩的穿着,所以如果对服饰不是很熟悉,可以通过搜集相关材料做参考。

　　礼盒上的装饰可以在色稿阶段做细化和丰富,现在只画出每个东西的轮廓和大概形体。圣诞节在冬天,所以人物穿着比较厚的衣服并戴手套。鞋子穿的是雪地靴。小男孩拿着礼盒,很开心地跟小女孩分享着自己的喜悦。他的礼盒是打开着的,好像在问小女孩:"你的礼物是什么?"小女孩的礼盒还没有打开,给画面增加了故事性和感染力。右边的小女孩踩着一个装饰球,拿着一个自己收到的小星星,要送给圣诞老人,如图 3-2-9 所示。在这个小女孩附近画彩球,增加层次感,并简单画出彩球上的花纹,上色时做细化。

　　几个主体都画完后,来画圣诞树。人物整体都是比较圆润、软萌的,圣诞树的刻画要跟整体风格相统一。在圣诞树上放一些彩球,注意避免抢前边主角的"风头",如图 3-2-10 所示。

　　最后添加一些小彩灯,用以增加氛围感和节日感。整体的氛围画好后,把透明度调低一点,再添加一些文字,文字最好采用手绘效果,后续再根据整体画面细致地刻画,现在可以先简单写出,如图 3-2-11 所示。

图 3-2-9　　　　　　　图 3-2-10　　　　　　　图 3-2-11

　　在这一过程中,有疑问可以加入正版课程的学习交流群(见图 3-2-12),由讲师在线答疑,还可以与精英学员互相学习。另外,还可以登录翼狐网搜索课程 ID 号,获取完整学习课件、工程文件等资料。

图 3-2-12

第三节　色稿绘制——背景及圣诞老人大色调

把线稿图层的透明度降低,然后叠在图层最上边,在它的下边建一个组,在所建的组中建一个新的图层,如图 3-3-1 所示。

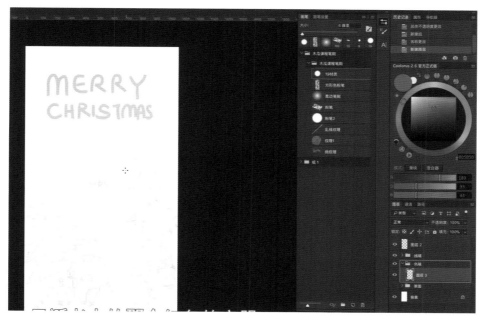

图 3-3-1

一开始设定的圣诞老人穿的衣服呈红色,为了使圣诞老人和前面的主体更加突出,背景选用蓝色。画出背景,如图 3-3-2 所示。

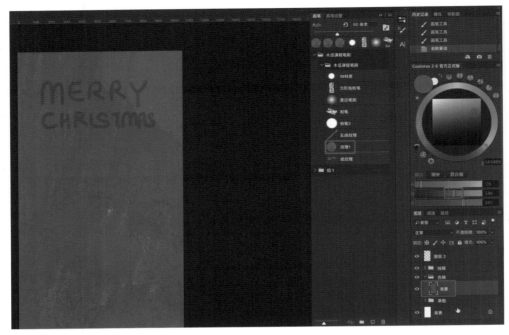

图 3-3-2

对于背景的纹理,可以根据轻重去控制一下压杆,轻时纹理就会更加明显。铺背景色时在颜色上大概做出渐变效果,之后再去进行细化。这里,可以在蓝色中稍微添加绿色,如图 3-3-3 所示。

分层时,可以背景分一层,老人也分一层。具体分层结果如图 3-3-4 所示。

图 3-3-3

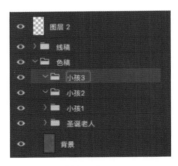

图 3-3-4

画圣诞老人。给圣诞老人配肤色,因为整体氛围偏温馨,所以整体颜色偏暖一些。用粉笔质感笔刷刻画人物,使得边缘具有像粉笔做出来的纹理。开始时不用画特别细,先配整体颜色,再进行细化。画出头发下边的阴影,以及脸腮上的红晕、鼻子和手,如图 3-3-5 所示。

利用色环插件(见图 3-3-6)为画面添加粉粉的效果,然后画胡子和头发等。

调一种偏灰蓝色的颜色,新建一个图层(可以多分一些图层,这样方便之后做调整),画胡子和头发,如图 3-3-7 所示。使头发带一点紫色,某些和帽子连接的地方颜色可以稍微重一点。本来想画发白的头发,但是它的阴影肯定呈稍微偏深的灰色。吸取颜色时在画笔的工具下摁住 Alt 键,然后点颜色,再放开就呈画笔的状态。如果想让头发与帽子的颜色过渡得更均匀一点,则可以吸取头发与帽子交接处的一些颜色。

胡子先做中性色调处理,再做提亮处理,如图 3-3-8 所示。

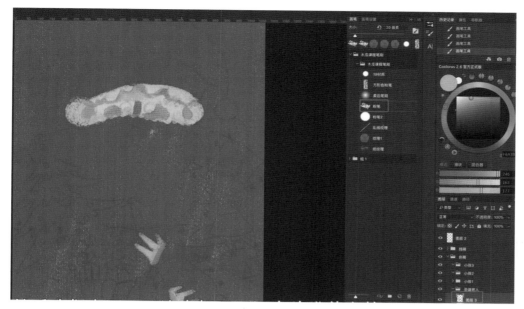

图 3-3-5　　　　　　　　　　　　　　　　　　图 3-3-6

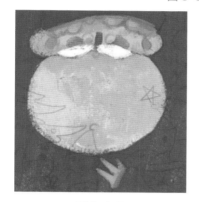
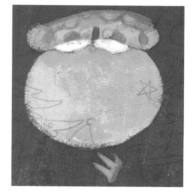

图 3-3-7　　　　　　　　　　　　　　　　图 3-3-8

　　画圣诞老人的眼睛和帽子，如图 3-3-9 所示。眼睛画成蓝绿色，然后新建一个图层，调出红色，画圣诞老人的帽子。这种插画一般第一遍涂大范围的颜色，色块都是偏中性的颜色，之后再将暗部的颜色加深、亮部的颜色提亮。帽子上的白色在转过去的地方用深一点的颜色快速做调整。

　　接下来画圣诞老人的衣服，因为衣服位于面部的后面，所以在脸面的后边新建一个图层。画好的衣服效果如图 3-3-10 所示。

图 3-3-9　　　　　　　　　　　　　　　　图 3-3-10

在毛毛图层上建一个剪贴蒙版图层,如图 3-3-11 所示,这时会有一个小箭头指向下方这个图层。

图 3-3-11

画袖口白色的毛和领子上的毛,在灰色上添加其他的一些颜色,使颜色更丰富。再新建一个图层,对内衬衣服上深色,如图 3-3-12 所示。

在这一过程中,有疑问可以加入正版课程的学习交流群(见图 3-3-13),由讲师在线答疑,还可以与精英学员互相学习。另外,还可以登录翼狐网搜索课程 ID 号,获取完整学习课件、工程文件等资料。

图 3-3-12

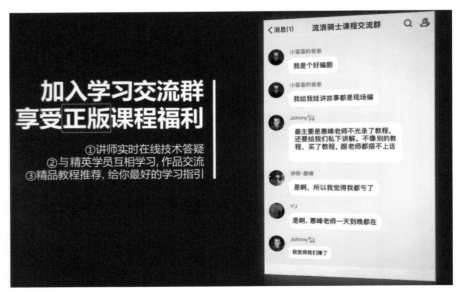

图 3-3-13

第四节　色稿绘制——小孩及圣诞树大色调

　　对左侧的小女孩用粉笔质感笔刷配肤色（稍微偏红一点），然后添加腮红；新建眼睛图层，画眼睛和头发，头发的配色可偏黄一点，阴影之间的前后关系等细化时再去做调整；然后画一顶橘色的帽子且做颜色上的变化（帽子上会有一些装饰），如图 3-4-1 所示。

图 3-4-1

　　小女孩头发的颜色可以更深一点，画这种黄色偏深的颜色时，拉动色环时可以往红色方向稍微拉一点，如图 3-4-2 所示，这样颜色会显得比较干净。如果直接用这种黄色里的深色，颜色就会比较深，显得不那么干净。

　　再来画小女孩的衣服和礼盒，如图 3-4-3 所示。上衣用偏绿色的颜色。小孩衣服的颜色不用特别暗沉，而且可以跟圣诞老人的衣服形成明显的前后关系。在上衣袖子边加一点小装饰，裤子采用偏黄色的颜色。注意，在配色的过程当中，要不断去看并调整整体的效果。

　　画左侧的小男孩和他的帽子、礼盒，如图 3-4-4 所示。小男孩的皮肤可以偏黄色一点，眼窝部分的颜色深一点，脸部加一些血色。

　　为小男孩的裤子、雪地靴和礼盒上色，接着画右侧的小女孩，如图 3-4-5 所示。

　　小孩画好后，画圣诞树。圣诞树在左侧两个小孩的后方，可以在圣诞老人的图层前建一个圣诞树图层，把圣诞树画出来。圣诞树的颜色可以稍微暗一点，但由于圣诞树后面的红色比较亮眼，因此圣诞树不宜太绿，可以在绿色中加一点蓝色,使圣诞树的颜色不特别深,如图 3-4-6 所示。

　　圣诞树画好后,画右侧小女孩脚下和附近的彩球,如图 3-4-7 所示。

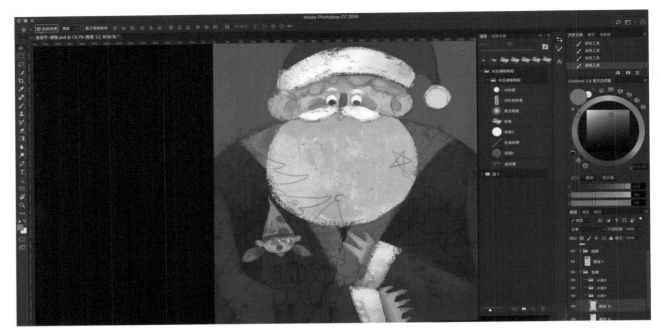

图 3-4-2

图 3-4-3

图 3-4-4

图 3-4-5

图 3-4-6

图 3-4-7

画小星星和彩灯,如图 3-4-8 所示。

至此,色稿草图就画好了。如果想要呈现雪景,则可以给整幅画面添加雪花的效果,如图 3-4-9 所示。

图 3-4-8

图 3-4-9

添加并调整文字,如图 3-4-10 至图 3-4-13 所示。对于文字上的一些装饰,最后做调整的时候再画。

图 3-4-10

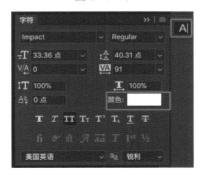

图 3-4-11

图 3-4-12

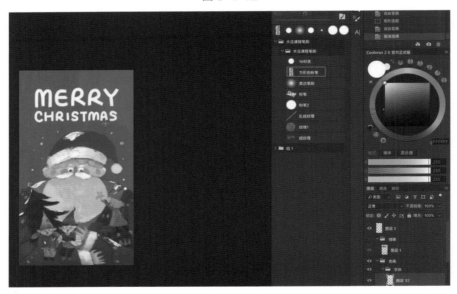

图 3-4-13

第五节　色稿细化——圣诞老人及小孩

细化时先从圣诞老人开始,放大整个图层进行细化。

隐藏雪图层,画出圣诞老人皮肤上的颜色变化和形的轮廓。眼睛下方深凹的地方和脸颊可以用红色过渡一下,如图 3-5-1 所示。

调整胡子,如图 3-5-2 所示。用橡皮擦选 19 材质笔刷把胡子稍微擦一下,然后切换成画笔,给耳朵的边缘添加反光效果。对胡子添加一些颜色变化,形成铅笔画画的效果。把胡子的边缘大概勾一下,并添加一些其他颜色。

图 3-5-1

图 3-5-2

在胡子的图层上新建一个剪切蒙版图层并做纹理效果,如图 3-5-3 所示。

图 3-5-3

画出圣诞老人提起嘴角微笑的效果,并把帽子的形及暗部加深,然后在帽子的边缘添加环境色,使帽子的轮廓更清晰,如图 3-5-4 所示。

图 3-5-4

切换回粉笔质感笔刷，调整头发、胡子、鼻子和眼睛，如图 3-5-5 所示。

图 3-5-5

用笔刷调整帽子，然后选择领子图层，对领子和整件衣服进行提亮，如图 3-5-6 所示。粉笔画出来的纹理比较清晰、比较细腻，刻画一些不需要边缘特别粗糙的地方可以用粉笔质感笔刷。

在由橡皮擦切换到画笔的过程中，根据需要的不同场景，选用需要用到的笔刷。需要提请注意的是，画一张图用到的笔刷不宜过多。

对于袖边的白毛，做提亮处理，并处理好明暗的过渡问题；对手部画出阴影，并对衣服做提亮处理；修整左侧小女孩的脸型，并优化脸上的颜色；对左侧小女孩头发的边缘加环境色，以丰富层次感，如图 3-5-7 所示。

图 3-5-6

图 3-5-7

对刘海在颜色上做出一些变化，并给帽子添加深色的边，稍微使它和下巴的颜色有明显的区别；对帽子上部做渐变处理，使整个颜色有一个过渡，并添加一些纹理；画出小女孩的眼睛、眼球和鼻子，并修整嘴巴的轮廓，如图3-5-8 所示。

对头发添加发丝,并画出手套,对袖子周围添加环境色;修整裤子和雪地靴的形状轮廓;再次调整帽子和礼盒,并画出礼盒上面的彩蛋;对礼盒新建一个剪贴蒙版图层,然后添加一些花纹,并降低花纹的透明度;将裤子暗处的颜色稍微加深,如图3-5-9所示。

图 3-5-8

图 3-5-9

画左侧的小男孩,修整他的脸部和五官;修整帽子,可以给帽子的边缘添加环境色,以增加层次感;修整衣服,画出手套,如图3-5-10所示。

图 3-5-10

画礼盒,此时注意随时调整前后关系。如果图层有遮挡,则新建一个图层,以便随时做调整;画裤子,修整裤子和鞋的外形并锁住图层;将鞋子阴影处颜色加深,并对裤子做提亮处理,如图3-5-11所示。

对圣诞老人的袖子添加阴影,为礼盒添加丝带,并细化鞋子、腿和手,如图3-5-12所示。

图 3-5-11

图 3-5-12

── 课后任务 ──

粉笔质感笔刷探索:下载或自制几种不同的粉笔质感笔刷,并在数字绘画软件中试用,绘制一系列简单的图形或小场景,观察并记录每种粉笔质感笔刷的效果和适用场景。

节日主题草图设计:选择一个节日主题(除圣诞节外),运用所学的草稿绘制方法绘制一幅插画草图。重点放在创意思维发散和初步的构图上。

线稿细化和修整:将之前设计的节日主题草图转化为详细的线稿。专注于线条的精确和清晰,确保线稿能够很好地支撑后续的色彩铺设。

色彩应用实践:选择完成线稿的插画,开始进行色彩铺设。首先设定大色调,然后逐步细化至具体元素,如人物服装、背景等。实践中注意色彩的和谐与对比。

完成作品并获得反馈:对细化完成的插画进行最后调整,确保所有细节都符合粉笔质感的风格。完成后,分享到社交媒体或艺术社区,收集观众的反馈意见并根据反馈建议进行改进。

Shuzi Huihua Jifa Shizhan Jiaocheng

第四章

AIGC 技术的时代机遇

探索 AIGC（人工智能生成内容）技术的发展趋势，理解 AIGC 技术在创意产业中的应用和影响；学习和掌握 AI 绘图工具的基本功能及其在设计创作中的实际运用，以提高设计效率和创新能力。

理解 AIGC 技术的原理及其对创意工作流程的具体影响，尤其是如何合理利用这些工具进行创意表达和内容创造；深入掌握 AI 绘图工具的高级应用（如 ControlNet 组合应用）以及如何有效整合多个 AI 工具以优化设计过程。

能够熟练使用 AI 绘图工具进行艺术创作和设计，利用 AI 技术优化创作流程和提升作品质量；通过实践学习，能够独立完成使用 AI 工具的创意项目，展示 AIGC 技术在实际应用中的潜力和效果。

第一节　AIGC 概述

AIGC，即人工智能生成内容，是近年来在人工智能领域兴起的一项重要技术。它通过使用机器学习和深度学习等技术，使得计算机能够自动生成各种形式的数字内容，如文本、图像、音频和视频等。

AIGC 技术的发展可以追溯到 20 世纪 80 年代，但真正取得突破性进展是在过去的十年里。随着深度学习技术的发展和大数据的积累，AIGC 技术在自然语言处理、计算机视觉和语音识别等领域取得了进步。

目前，AIGC 技术的发展呈现出以下趋势。

一、推动文娱产业转型升级

随着 AI 技术在文字、声音、图像和视频等多个领域的发展，AI 相关产品的普及程度持续提升。用户对大型 AI 模型的运用越来越熟练，AIGC 技术在文娱领域已经不再是一个新奇的概念。尽管在文娱产业全流程中引入 AIGC 技术还不现实，但越来越多的工具正在优化至可用。AI 的应用使得企业在低端需求上降低了对专业人员的依赖，同时也降低了行业的入门门槛。

这种趋势预示着文娱内容生产的工业化过程将会迎来一系列创新的 AIGC 产品。这些产品不仅能够降低成本、提升效率，而且标志着行业对未来技术的积极拥抱。随着技术的进步，我们可以预见到 AIGC 技术将在创作、编辑、分发乃至营销等多个环节中发挥重要作用，极大地推动文娱产业的转型和升级。

总的来说，文娱行业，尤其是比较新的 ACG 相关领域，工业化正处于一个由点到面的转型期，AIGC 技术的融入无疑将为这一行业带来前所未有的创新机会和发展潜力。

二、开源与闭源产品互补，形成良性循环

随着 AIGC 技术的快速发展，开源产品与闭源产品之间的相互作用日益显著。由于训练一个大型 AI 模型需

要投入巨大的成本,许多公司选择将其大模型闭源,以便专注于提升自身产品的性能和特色。然而,尽管这种趋势明显,Meta、Google 等公司仍然坚持推动开源技术的发展,这大大促进了 AIGC 技术的普及和创新,为中小规模的团队提供了接触和使用 AIGC 工具的机会。

在未来,随着 AIGC 技术门槛的逐渐降低,越来越多的个人开发者和初创团队将利用开源技术开发出创新且实用的 AIGC 应用。这些产品往往会在遵守开源协议的前提下维持开放状态。同时,闭源产品也从开源社区获得灵感,不断开发出商业性更强的功能。这些商业功能也有可能被开源社区借鉴,从而丰富开源工具的功能性和易用性。

这种互补的关系创建了一个良性循环,不仅推动了技术的快速发展,也帮助商用 AIGC 产品逐步成熟。在这个过程中,开源产品和闭源产品通过互动不断提升彼此的价值,共同促进了整个 AIGC 领域的创新和扩展。

三、使用门槛再降低,覆盖领域更多元

在 2022 年至 2023 年,虽然像 ChatGPT 和 Midjourney 这样的 AIGC 工具已能以自然语言进行交互,但大多数其他 AIGC 工具的使用便利性仍待提升。从 2023 年下半年开始,AIGC 产品通过应用程序(APP)和硬件集成等方式取得了显著进步,使得绝大多数常用 AIGC 工具在使用上变得更加友好。

此外,市场上出现了大量"一键包"和"云机房"产品,极大地降低了用户的使用门槛。这些产品允许用户无须复杂的环境搭建,也不再受限于本地计算能力,即可轻松地开始使用相关工具。这种变化不仅提高了 AIGC 技术的可达性,也极大地扩展了 AIGC 技术的应用范围。

展望未来,随着 AIGC 技术栈的持续成熟和稳定化,我们可以预见到基于当前技术栈的 AIGC 产品将进一步拓展到更多领域。这些产品不仅会覆盖更广泛的应用场景,还将提供更加便捷的操作体验,使得各行各业的操作者都能轻松掌握并利用这些强大的工具。这种趋势不仅推动了 AIGC 技术的普及,也为各行各业带来了前所未有的创新机会。

四、AIGC 培训步入红海

随着 2023 年 AI 技术的热潮,许多 IT 和美术相关的培训机构开始察觉到机遇。到了 2024 年,为了吸引新学员,这些培训机构纷纷采取策略,邀请国内外著名的 AIGC 领域 KOL 担任客座讲师,并寻求大公司的背书以及职业认证,以增加其课程的吸引力和权威性。

然而,初期的培训机构并未能达到预期的培训效果,加之 AIGC 工具的快速迭代更新,这些因素导致不少潜在学员持观望态度。

在这种背景下,AIGC 培训市场正在迎来竞争激烈的发展阶段。传统培训机构、KOL 都意识到,将 AIGC 培训作为一种盈利手段具有巨大的潜力。因此,这个领域正逐渐变成一个竞争红海,众多参与者都在努力占据一席之地,希望通过提供高质量的教育内容和服务来吸引并培养更多专业人才。这种趋势不仅显示了市场对 AIGC 技能的急切需求,也预示着培训领域将快速发展和变革。

五、体面运用 AIGC 技术,成企业选用工具的重点

在企业探索 AIGC 技术的过程中,许多通过 AIGC 工具生成的成品难以达到应用标准。然而,用户与 AIGC 技术的持续磨合逐步帮助双方找到了彼此的舒适区,优化了工具的应用方式和成效。

目前,虽然许多从业者已开始在日常工作中利用 AIGC 工具,但这些技术往往没有被广泛共享或加入公司的

核心业务流程中。从 2024 年开始，随着更多办公协同产品融合 AI 大模型和 AI 工作流程，这种局面开始改变。AIGC 的引入不再是将员工与 AI 对立起来，而是 AIGC 成为提高工作效率和创造力的有力工具。

同时，随着公众对 AIGC 作品接受度的提高，企业和内容生产者越来越倾向于主动利用 AIGC 工具来提升产能和创新能力。这种趋势表明如何"体面"地运用 AIGC 工具，在保持产品品质和道德标准的前提下有效利用这些技术，已成为未来企业选用 AIGC 的重点。

六、国产 AIGC 工具价格战打响

许多 AIGC 产品开始采用会员付费和按次付费等商业化模式进行尝试，尽管这些策略在短期内尚未彻底解决产品的盈利问题。然而，随着 AIGC 技术的不断进步和普及，各大 AI 厂商和互联网公司陆续推出了能够广泛应用的大模型，激烈的市场竞争已不可避免。

在这种背景下，用户对 AIGC 工具的价格敏感度提高，特别是那些对工具性能要求不太高的用户，他们更倾向于基于价格来选择产品。因此，随着市场上同类型工具的增多，价格竞争已成为 AIGC 商用工具争夺用户的重要战场。

面对即将到来的价格战，AIGC 工具提供商需要找到合适的策略来平衡成本和收益，同时，通过不断升级和优化产品功能来形成竞争壁垒。在保持价格竞争力的同时提供独特的价值和优异的性能，将是 AIGC 工具提供商在未来市场上制胜的关键。这不仅需要技术创新，也需要对市场动态和用户需求有深入的理解和快速的响应。

七、定制化 AIGC 工具普及，AIGC 服务更精准

随着开源大模型和开源技术的增多，越来越多的厂商开始组建自己的 AIGC 团队。虽然开源模型提供了一个良好的起点，但这些通用模型往往需要进行深度定制才能满足企业内部更为细致的需求。因此，未来，我们或将看到更多互联网和内容团队不仅在训练和优化现有模型上下功夫，而且会努力开发更适合自己特定需求的 AI 大模型。

这些团队将采用更加策略性的方式，通过选择和组合现有的 AIGC 产品，开发出更加精细化的工具。这种方法不仅提高了工具的适用性，还增强了企业在其专业领域内的竞争力。例如，专注于生产内容的公司可能会开发一个特别擅长生成特定类型媒体内容的 AI 模型，而电商平台则可能开发一个优化产品描述和客户交互的模型。

随着 AI 技术的不断进步和边际成本的逐渐降低，这些定制化的大模型和工具变得更加易于实现，更多企业能够参与到这一领域中来。长远来看，这种趋势不仅会促使各个领域内的 AIGC 应用更加专业化和多样化，也会推动整个行业的创新和发展。

八、高端 AIGC 人才出现缺口

尽管 AIGC 相关的培训课程和视频教程已经相对普及，但市场上仍然缺乏能够深度并有效地将 AIGC 技术应用到实际内容创作中的专业人才。出现这种状况的部分原因在于技术的快速迭代，使得即使是已经接受过培训的 AIGC 专家也需要不断学习，更新其知识储备，以跟上技术的发展。这种快速的技术更迭，导致了 AIGC 应用在某些领域被视为"玩具"，未能被充分利用于更加专业的环境。

随着更高质量、操作成本更低的 AIGC 产品陆续推出，市场对能够熟练运用这些高端工具的人才需求将急剧上升。这些人才不仅需要掌握技术的应用，还要能够创造性地利用这些工具来优化内容创作、提升生产效率，乃至推动新产品的开发。在这样的背景下，具备高级 AIGC 技能的专家将成为各大企业争抢的宝贵资源。

因此,培养具备这些先进技能的人才不仅是教育机构的重要任务,也是企业内部培训的关键部分。预计企业和教育机构将会加大在 AIGC 领域的投资,通过提供更加深入和实用的培训,以满足日益增长的专业人才需求。这不仅会帮助缓解目前的人才缺口,也将推动整个 AIGC 领域向更成熟、更广泛的应用方向前进。

九、企业 AIGC 平均成本下降,但总投入提升

随着 AI 技术市场的竞争加剧,AIGC 产品和相关 AI 算力的价格已经出现了明显的下降。这一趋势为企业和个人提供了更加经济的选择,使得初步接触和试用这些技术变得更为可行。然而,尽管单个产品的使用价格下降,对某些闭源产品的依赖以及对 AI 技术日益增长的需求可能导致企业和个人在综合上面临更高的成本。

这种"单品降价,整体涨价"的趋势表明,虽然单一工具变得更加便宜,但随着企业将 AI 集成到越来越多的业务流程中,对这些工具的总体需求和依赖性增加,进而可能增加整体的技术支出。此外,闭源产品可能因内容授权或独家技术而收取更高费用,增加了企业对特定功能的投入成本。

尽管面临这样的成本压力,许多企业还是会选择在更多领域投入使用 AIGC 产品,以期通过技术的助力来节省时间和人力成本。这种成本效益分析的结果,或许会推动企业在决策时更加倾向于利用 AIGC 工具。随着 AIGC 技术的深入应用,企业的运营效率和创新能力可能会显著提升,从而加速其业务发展,提升市场竞争力。

因此,未来 AIGC 产品的成本和收益将成为企业策略规划中的关键因素。通过精明的投资和有效的资源配置,企业可以在保持成本效率的同时,最大化地利用 AIGC 带来的优势。这不仅涉及对当前成本的管理,还包括对未来潜在收益的预测和策略布局。

十、AIGC 产业迭代迅速,产品押宝困难

尽管当前 AIGC 产品已形成一些相对固定的模式,但在实际应用和用户体验方面,不同产品之间的表现仍有显著差异。AIGC 领域内的热门方向,如长文本分析、长视频处理、智能体交互以及人声音乐创作等,都吸引了大量企业的关注和投资。然而,AIGC 领域的技术和市场方向每隔几个月就经历一次快速迭代,技术和模型之间的差异也在不断扩大。

对于 AIGC 企业来说,准确识别并投资于最适合自身长期发展的技术赛道变得尤为关键。选择正确的方向不仅可以最大化资源的效用,还可以确保企业在激烈的市场竞争中保持领先。

对于那些利用 AIGC 产品来提升产能的用户而言,频繁更换工具所带来的成本是一个重要考量。在这个变化迅速的行业中,选择那些迭代次数少、升级成本低的 AIGC 工具成为他们的关键策略。这种选择不仅可以减少技术升级导致的潜在中断,也能确保在技术快速发展的环境中,企业能够持续稳定地提升效率和产出。

因此,无论是 AIGC 企业还是用户,都需要对行业趋势保持高度的警觉和适应能力,以便在不断变化的 AIGC 领域中做出明智的决策,并最大化技术投资的回报。

互联网和移动互联网的普及,用户对多样化、个性化内容的需求日益增长,为 AIGC 技术的应用提供了强大的驱动力。AIGC 技术在内容创作、个性化推荐、智能客服等领域的应用,能够有效提高生产效率、降低成本,并提升用户体验。

在国内,百度、腾讯、阿里巴巴、科大讯飞、字节跳动等科技巨头在 AIGC 技术的研究和应用方面取得了许多重要成果,推动了国内 AIGC 技术的发展。

AIGC 技术的飞速发展,对多个行业产生了颠覆性的影响。其中,AIGC 技术已经在广告、游戏、自媒体等内容创作领域实现了广泛应用,教育、电商、软件开发、金融等领域也尝试扩大 AIGC 技术的应用范围。

从商业视角来看，AIGC 技术可以提高生产效率、降低成本。例如，在内容创作领域，AIGC 技术可以帮助创作者更快地生成高质量的内容；AIGC 技术可以提供个性化的服务，提高用户体验；AIGC 技术可以帮助企业进行创新，帮助领导者开拓新的商业模式。

AIGC 技术的前景非常广阔。随着技术的不断进步，AIGC 技术有望在更多的领域得到应用，并进一步提高生产效率和用户体验。同时，AIGC 技术的发展也面临一些挑战，如数据隐私、算法偏见等问题，需要进一步研究和解决。总体而言，AIGC 技术的发展将对社会产生革命性影响，并成为未来科技发展的重要方向之一。

第二节　AI 绘图常用工具

如图 4-2-1 所示，AI 绘图常用工具有两个，一个是 Stable Diffusion，另一个是 Midjourney。

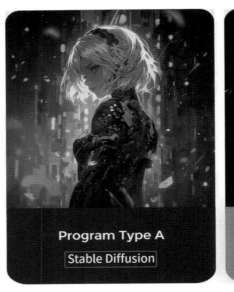

图 4-2-1

一、 Stable Diffusion 软件的优劣势

（1）Stable Diffusion 的优势。

①软件完全免费，入门门槛比较低。

②软件开源，可以比较方便地自行定制化。

③软件功能多，对一个问题可以探索出不同的解法。

④数据完全本地化，不用担心有泄露风险。

⑤在没有商业秘密的前提下，一些产品是可以在云端操作的。

⑥对 prompt 词组基本没有限制,符合 AI 学习逻辑来填写就没有问题。

（2）Stable Diffusion 的劣势。

①虽然入门门槛比较低,但精通难度比较高。

②更新迭代速度很快,各项功能日新月异,有时候用户刚摸透就碰到更新迭代,需要追着学才能跟得上。

③因为更新迭代速度快,所以程序上存在 bug 也非常正常,但体现在稳定性上就没那么友好了。

④模型构图逻辑不足,想要出一张比较好的图,需用插件进行控制。

⑤有一定的硬件要求,配置越好,能使用的功能就越多;模型也需要用户自己训练,对硬件的要求又拔高了一层。

二、Midjourney 软件的优劣势

（1）Midjourney 的优势。

① Midjourney 的操作门槛比较低。

② Midjourney 的模型非常强大,具备一定的构图逻辑,产图质量相对比较高且稳定。

③因为是一个线上运行的软件,所以对硬件没有要求。

④对一些艺术家、知名角色使用 tag 相对稳定,不需要更换太多的模型。

（2）Midjourney 的劣势。

①价格比较昂贵,入门成本比较高。

②软件环境比较封闭,用户无法便捷地自定义和进行定制化。

③数据无法本地化,跑图时基本上是上传至云端,对于商业工作流程来说有泄露的风险。

④对 prompt 词组有一定的限制,一些词语不能用。

第三节　AI 绘图工具辅助设计创作的技巧

本节学习 AI 绘图常用工具的应用技巧。

输入文本生成图片,通俗来讲就是文生图。那么,什么是文生图呢?文生图是生成图片最传统、最原始的方式,也是 AI 生成图片最基础的方式,掌握文字转化为图像的关系,就能帮助我们快速地输出大致方向的内容,如图 4-3-1 所示。

怎么掌握文字转图片的思维呢?有两个办法:书写标准三段法;广义三段术式构造思维。书写标准三段法就是质量词前缀加主体、加场景,然后加一部分后缀词,如图 4-3-2 所示。

广义三段术式构造思维,就是对主体的描述进行拆分,分为目标、定义和细节,如图 4-3-3 所示。

书写标准三段法示例如图 4-3-4 所示。

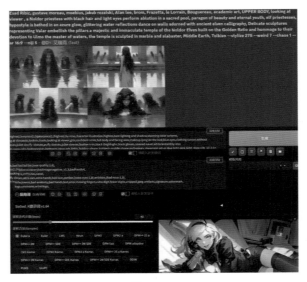

图 4-3-1

图 4-3-2

图 4-3-3

图 4-3-4

广义三段术式构造思维示例如图 4-3-5、图 4-3-6 所示。

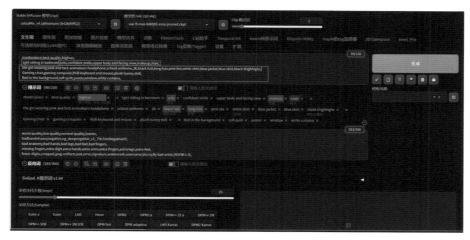

图 4-3-5

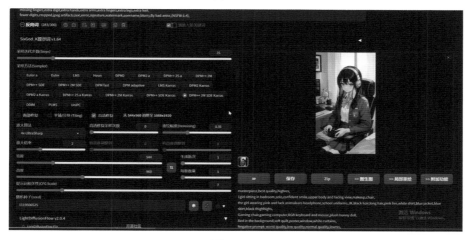

图 4-3-6

　　只要提示词相对精准,就能输出比较好的图。另外,输出图的质量跟模型有关,有些模型不稳定,输出的图会有较多的变形。了解文生图后,接下来了解以图转图。以图转图简单来说就是图生图,如图 4-3-7 所示。

图 4-3-7

　　单纯图生图的结果比较随机。即便花很多的心思去写 tag,即使写出的 tag 不仅多,而且相当精准,由于 AI

面对大量的词汇文本时会对 tag 进行取舍，画面上还是会出现一些超脱设想的随机性物体。

　　图生图用到的一个很重要的参数是重绘幅度——"Denoising"（见图 4-3-8）。重绘幅度取值范围为 0～1，设置为 0 时输出的图跟原图完全一样，数值越大图的变化幅度越大，设置为 1 时得到与原图完全不同的一幅图。

图 4-3-8

　　由图 4-3-9 可以看到，当重绘幅度为 0.1 时没有完全变化，随着重绘幅度增大，人物越来越靠近二次元形象。

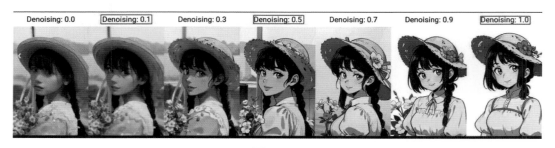

图 4-3-9

　　为了满足更加精细化的创作需求，强大的画面控制插件应运而生，如图 4-3-10 所示。

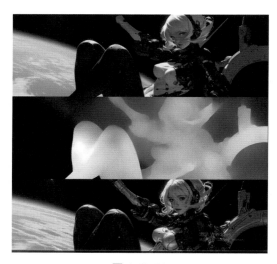

图 4-3-10

控制画面的模型非常多，如 OpenPose 模型、Lineart 模型等。对于深度图模型、画风迁移模型等，若想达到熟练运用的程度,需要积累的知识非常多,并需要做大量的联系,一般在学习时要花时间、有耐性地去练习和记忆,在理解原理的同时开拓思维。

这里举例说明控制画面模型的使用。图 4-3-11 所示是使用 Midjourney 输出的图,现在对其进行转换。首先,准备一些正向词、反向词;然后切换模型,使用真实项模型 Maggie,将迭代步数设置为"20"。具体设置如图 4-3-12 至图 4-3-14 所示。

图 4-3-11

图 4-3-12

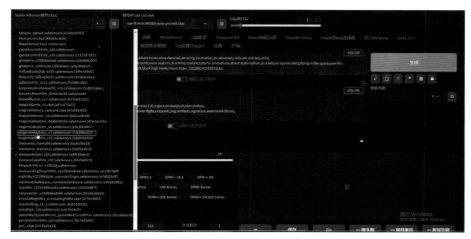

图 4-3-13

图 4-3-14

　　使用 ControlNet 模型中的画风迁移模型,把这张图发送给 AI,转变成模糊或者非常模糊的一张图后,在其上覆盖这个模型的画风,然后使用深度图模型,标注画面的一个前后关系,并把人物和背景区分,单击"生成"按钮,即把原来的二次元画风转成三次元画风,如图 4-3-15 至图 4-3-18 所示。

图 4-3-15

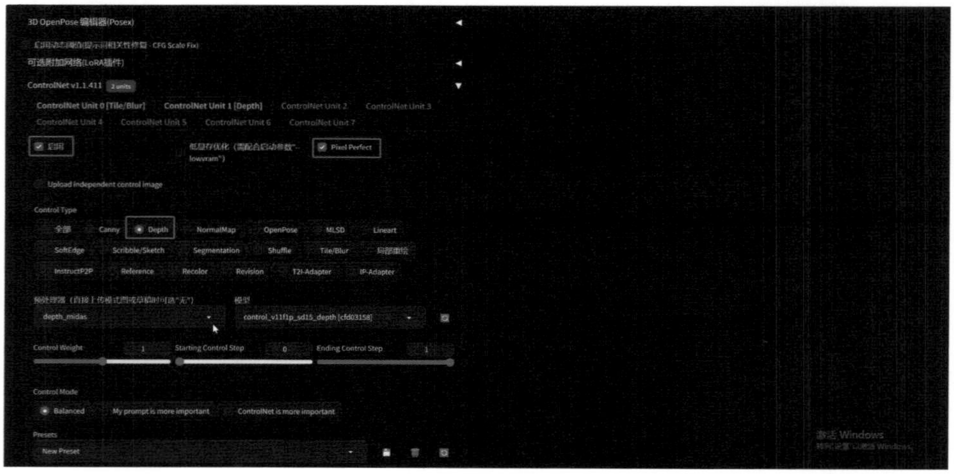

图 4-3-16

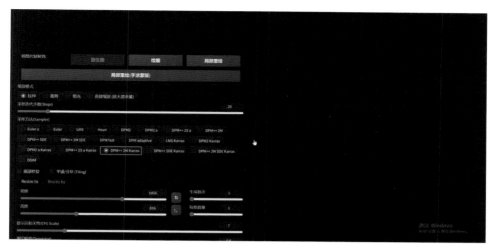

图 4-3-17

图 4-3-18

深度图模型的应用示例如图 4-3-19 所示。

图 4-3-19

对于特定行业的工作项目,更多时候需要训练本行业甚至是本企业专用的模型,也就是私模,以满足商用的需求,这样可控和统一的风格必不可少。所以,在 AI 模型训练方面,面对商业项目的统一画风角色的需求,可以使用一些素材图、数据集，只要素材图比较充足，那么画风、角色和角色服装都可以通过模型训练进行定制。模型训练示例如图 4-3-20 至图 4-3-22 所示。

图 4-3-20

图 4-3-21

图 4-3-22

第四节　ControlNet 组合应用

要想综合运用 AI 绘图工具，需要有清晰的分析思维，辅以开拓想法并勇敢尝试。

一、ControlNet 组合运用（一）

AI 绘图工具具有相通的原理，这里以实例（见图 4-4-1）进行简单演示。

切换到图生图模式，这里用 Midjourney 输出的一张油画风图片做演示。当欲把它给转换成真人画风图片时，首先需要准备好提示词，如图 4-4-2 所示。

图 4-4-1　　　　　　　　　　　　　　　　　　　　　　图 4-4-2

将"Control Weight"设置为"0.6"，勾选"Lineart"复选框，如图 4-4-3、图 4-4-4 所示。

单击"生成"按钮，可以生成一张真人画风图片，如图 4-4-5 所示。上述是把一个油画风图片转换成真人画风图片的流程，把真人画风图片转换成油画风图片是否可行呢？也是可行的。这里进行简单演示。

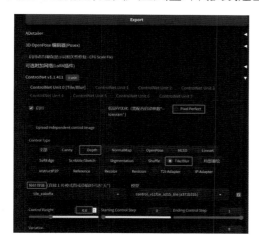

图 4-4-3　　　　　　　　　　　图 4-4-4　　　　　　　　　　　图 4-4-5

选择模型，准备正向词和反向词，填写后进行设置，如图 4-4-6、图 4-4-7 所示。

图 4-4-6　　　　　　　　　　　　　　　　　　　　　　图 4-4-7

这里也会用到 ControlNet 插件,如图 4-4-8 所示。

如图 4-4-9 所示,这里把生图的权重降低了,这是因为油画有一些笔触肯定会超出原来的边界,所以降低权重,让 AI 的发挥更自由一些。

图 4-4-8

图 4-4-9

使用 OpenPose 模型识别人物的大致动作,如图 4-4-10、图 4-4-11 所示。需要提请注意的是,由于图片截错位置就识别不了手臂,因此可配合使用 Depth 模型。

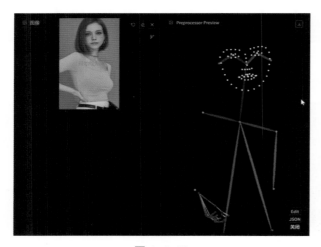

图 4-4-10

图 4-4-11

单击"生成"按钮,可以看到真人画风图片转换成了油画风图片,如图 4-4-12 所示。

图 4-4-12

二、ControlNet 组合运用（二）

这里以实例（见图 4-4-13）简单演示产品设计效果图的输出。

图 4-4-13

具体操作及设置如图 4-4-14 至图 4-4-18 所示，单击"生成"按钮后，得到图 4-4-19。

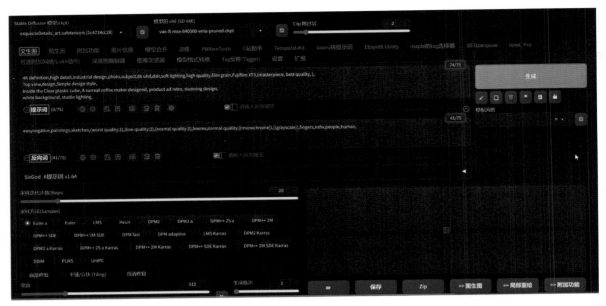

图 4-4-14

图 4-4-15

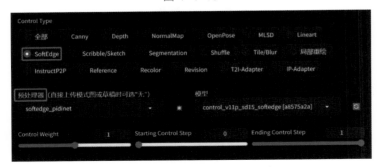

图 4-4-16

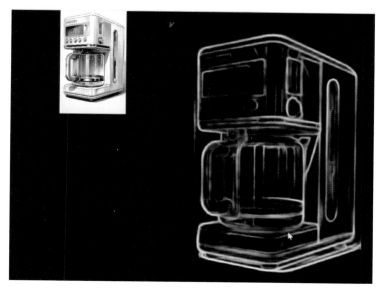

图 4-4-17

图 4-4-18

图 4-4-19

第五节　AI 绘图工具的组合应用

一、AI 绘图工具的组合应用（一）

这里以实例——设计建筑设计效果图（见图 4-5-1）讲解 AI 绘图工具的组合应用。

图 4-5-1

（1）输入正面词和负向词，并设置相关参数，如图 4-5-2 所示。

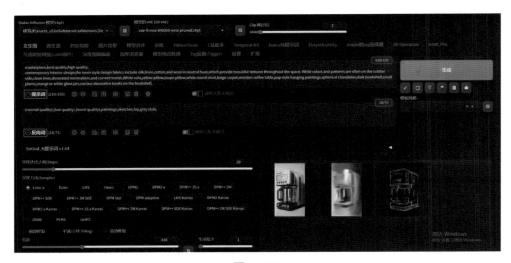

图 4-5-2

（2）添加建筑类专用的模型。语意分割模型是建筑类建筑方向专用的模型，语意分割图（见图 4-5-3）的颜色告诉 AI 这里需要的是什么，如蓝色代表沙发，橙黄色代表抱枕。语意分割模型帮助我们对图进行语意分割并作出语意分割图，如图 4-5-4 所示。

图 4-5-3

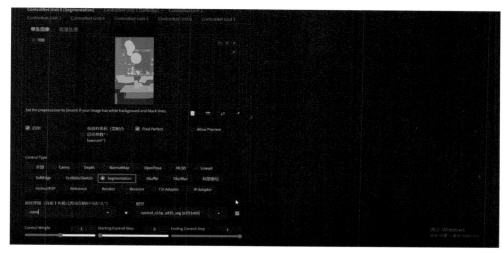

图 4-5-4

对于用 AI 制作出的图,可以使用走路大师或一些 3D 软件进行渲染,利用 Photoshop 精修,按照语意分割的逻辑输出颜色,然后再放入 AI 工具,就可以输出室内设计效果图了,如图 4-5-5、图 4-5-6 所示。

图 4-5-5

图 4-5-6

怎么输出室外设计效果图呢？例如，有一张如图 4-5-7 所示的手绘室外设计效果图，如何基于此图输出室外设计效果呢？可以使用 Lineart 模型输出。除了 Lineart 模型外，MLSD 模型（见图 4-5-8）也是建筑类建筑方向专用的模型。使用此模型，会输出一张只有纯直线的预处理图，如图 4-5-9 所示。若源图线条太浅，此模型将无法识别，这时就需要调整权重参数，如图 4-5-10 所示。

图 4-5-7

图 4-5-8

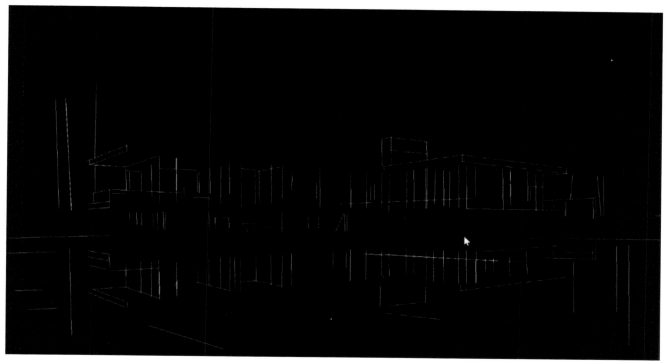

图 4-5-9

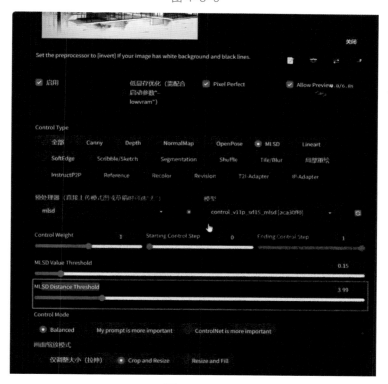

图 4-5-10

若图太浅识别不了,则可以切换使用 Lineart 模型进行输出。实际中,是使用 MLSD 模型还是使用 Lineart 模型,一般根据实际情况确定。

此外,也填入一些提示词,并调整图片的宽度和高度,这样基于一个线稿图就生成了室外设计效果图,如图 4-5-11 至图 4-5-13 所示。

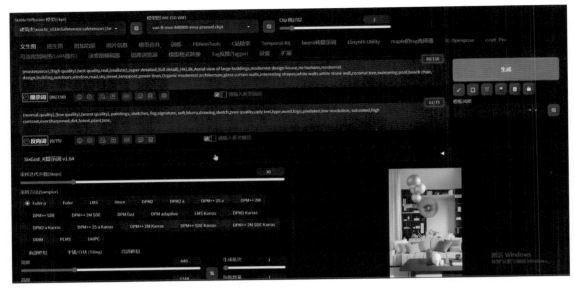

图 4-5-11

图 4-5-12

图 4-5-13

二、AI 绘图工具的组合运用（二）

这里以实例（见图 4-5-14）介绍 AI 绘图工具在 Q 版人物和 AI 动画制作中的组合运用。调整模型、VAE，输入提示词后，将模型切换过来，如图 4-5-15 所示。

图 4-5-14

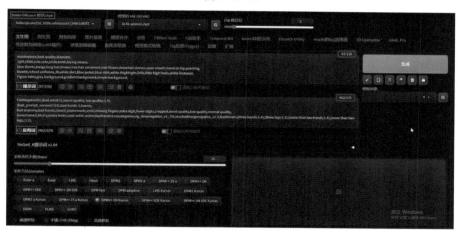

图 4-5-15

设置调整好后,单击"生成"按钮看效果(见图 4-5-16)。这样就输出了一幅 Q 版人物图像。也可以使用出图的线稿通过 Lineart 模型输出 Q 版人物图像。如果是单纯的线稿,不推荐添加 Depth 模型,直接使用 Lineart 模型即可。另外,OpenPose 模型对二次元人物的识别能力也是不够的。

图 4-5-16

如果想输出 Q 版小人,则使用 Lora 模型,如图 4-5-17、图 4-5-18 所示。

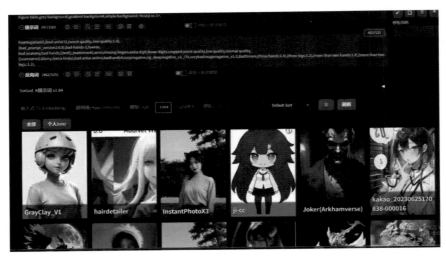

图 4-5-17

关于 AI 动画,制作效果示例如图 4-5-19 所示。

图 4-5-18

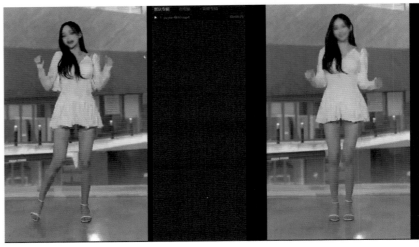

图 4-5-19

AI 动画的制作也很简单,使用动画制作专用插件,把影片拆分成一些关键帧,比如隔三张图一个关键帧、3～4 张图一个关键帧,如图 4-5-20、图 4-5-21 所示。

图 4-5-20

图 4-5-21

使用反向词，根据文件夹里的图和提示词（见图 4-5-22）进行输出并单帧渲染、转绘，然后使用一些插件、软件进行动作的补帧，补充中间帧上去，最终就输出了视频。

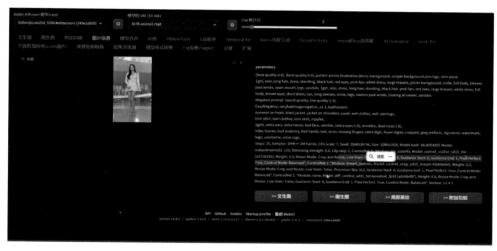

图 4-5-22

除了真人视频之外，也可以生成动画视频，如图 4-5-23 所示。

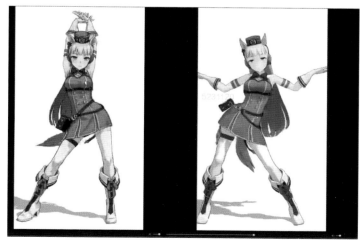

图 4-5-23

—— 课后任务 ——

探索 AIGC 技术的发展历程:研究并撰写一份报告,概述 AIGC 技术的关键发展节点,包括重要的技术突破和行业应用案例。这将帮助我们加深对 AIGC 技术演进的理解。

AI 绘图工具实操练习:选择几种常用的 AI 绘图工具,如 DeepArt、DALL-E 等,进行实际操作练习。尝试使用这些工具创作不同风格的艺术作品,记录每种工具的特点和适用场景。

技巧提升挑战:使用 AI 绘图工具辅助设计创作,选择一个复杂的设计项目,如海报或广告设计,并应用学到的技巧进行创作。重点关注如何使用 AI 绘图工具提高设计质量和创作效率。

ControlNet 组合应用实验:深入学习 ControlNet 技术,并尝试将其与其他 AI 绘图工具组合使用,解决一个具体的设计问题。记录组合应用的过程和结果,分析组合应用的效果和可能的改进方向。

综合 AI 绘图工具应用项目:设计一个项目,要求使用至少三种不同的 AI 绘图工具进行创意生成和设计执行。项目可以是创作数字艺术、动画或任何其他形式的视觉作品。完成后,评估各工具的协同效果并撰写项目总结报告。

第五章
教学成果
——优秀学生作业展示

第一节 《嘿，找到了》

　　儿童绘本《嘿，找到了》（作者：卢娜）主要讲述了在一个清晨，7岁的小女孩卷卷醒来后"发现"好朋友小老鼠不见了，误以为好朋友被妈妈赶走了，跟随着线索寻找，遇到各种神奇惊险事情的故事。这个故事传达了人间三大幸事——虚惊一场、失而复得、久别重逢，整个过程表达虚惊一场，结局表达失而复得和久别重逢。

　　绘本中的插画如图 5-1-1 至图 5-1-7 所示。

图 5-1-1

清晨，
房间里面传来"啊啊啊"的尖叫声。

图 5-1-2

图 5-1-3

卷卷跑呀跑呀跑,
跑到一个大洞旁边。

"咖咖咖咖"卷卷掉到了月球上,
地在月外看到了朋友的影子。

卷卷跑过去高声大喊:"嘿,找到了"!

月兔被卷卷吓得大惊失色,
它生飞起了。

卷卷又被月兔追着喊抓,
跑呀跑呀跑,
卷卷跑进了太空地铁站。

图 5-1-4

图 5-1-5

一路都没有找到米奇，
卷卷只能垂头丧气回家了。

这时在家醒来的米奇没有看到小主人，
满脸疑惑准备找卷卷。

卷卷回家看到米奇，
兴高采烈抱起米奇。
他们异口同声喊："嘿，找到了"！

图 5-1-6

人间三大幸事：虚惊一场，失而复得，久别重逢。

图 5-1-7

第二节　《寻狮》

谭海媚的研究主题是"广东民间醒狮形象在绘本创作中的应用与研究——以《寻狮》为例"。她深入探讨了醒狮文化的历史和重要性，认为醒狮不仅是传统文化的体现，还是民族精神的象征。在研究过程中，她采用了多种方法，包括访问调查、文献研究、实地考察和观察，以全面了解醒狮文化的制作工艺和活动流程，并通过搜集素材为绘本创作提供灵感。在创作上，她从家乡文化中汲取灵感，采用远景和近景构图，人物造型朴素，在色彩运用上以暖色调为主，突出怀旧和喜庆的氛围。她认为绘本的创新之处在于点、线、面的描绘，也指出了在配色和人物造型上的不足，并表示将继续深入研究，以取得更大突破。

同时，谭海媚指出了研究中的不足之处，包括脚本和故事的严谨性、理论知识的深度、构图的新意以及绘画水平和表现手法等。尽管衍生品展示部分未提供具体内容，但整个研究展示了她对醒狮文化传承与创新的深刻理解和努力。

绘本中的插画如图 5-2-1 所示。

图 5-2-1

第三节　《园博园奇遇记》

　　《园博园奇遇记》(作者:杨慧)以连续性的插画形式描绘了小女孩在北海园博园的游玩乐趣。该绘本通过孩子的视角把一切看成幻想中的场景,猫咪成了飞行汽车,蜻蜓则是会说话的好朋友,白鸽可以载着孩子们飞翔,荷叶变成了巨大的蒲团。在自然面前,人物变得渺小,动物和人可以互动有无。整体用拟人化和增强对比的手法,使一切变得虚幻。

　　绘本书的插画如图 5-3-1 至图 5-3-5 所示。

图 5-3-1

图 5-3-2

图 5-3-3

图 5-3-4

图 5-3-5

参考文献
References

[1] 张春生，王芳．数字绘画技法大全 [M]．长春：东北师范大学出版社，2019.

[2] 赵鑫，李铁．数字绘画技法 [M]．北京：清华大学出版社，2018.

[3] 史悟轩，王鲁光，唐杰晓，等．数字绘画技法丛书．Photoshop、Procreate 、Painter 创作技法从入门到精通（套装 4 册）[M]．北京：化学工业出版社，2019.

[4] 刘国基．数字绘画艺术 [M]．合肥：合肥工业大学出版社，2014.

[5] 张熙闵．数字绘画基础与项目实战（微课版）[M]．北京：人民邮电出版社，2021.

[6] 母健弘．数字绘画基础教程 [M]．上海：华东师范大学出版社，2015.

[7] 韩明辉．数字绘画基础 [M]．大连：东软电子出版社，2012.

[8] 2024 年 AIGC 发展趋势报告．